建筑施工特种作业人员培训教材

施工升降机司机

建筑施工特种作业人员培训教材编委会　编写

福建省工程建设质量安全协会　主编

中国建筑工业出版社

图书在版编目（CIP）数据

施工升降机司机／建筑施工特种作业人员培训教材编委会编写；福建省工程建设质量安全协会主编. — 北京：中国建筑工业出版社，2022.1

建筑施工特种作业人员培训教材

ISBN 978-7-112-26962-4

Ⅰ. ①施… Ⅱ. ①建… ②福… Ⅲ. ①升降机－装配（机械）－技术培训－教材 Ⅳ. ①TH211.08

中国版本图书馆 CIP 数据核字（2021）第 263753 号

本书依据最新标准规范编写，配图丰富，通俗易通。本书主要内容包括专业基础知识、专业技术理论、安全操作技能。本书可作为相关岗位人员培训教材，也可供相关专业技术人员参考。

责任编辑：杜　　川
责任校对：赵　　菲

建筑施工特种作业人员培训教材
施工升降机司机
建筑施工特种作业人员培训教材编委会　编写
福建省工程建设质量安全协会　主编
*
中国建筑工业出版社出版、发行（北京海淀三里河路 9 号）
各地新华书店、建筑书店经销
北京红光制版公司制版
天津翔远印刷有限公司印刷
*
开本：850 毫米×1168 毫米　1/32　印张：6　字数：159 千字
2022 年 5 月第一版　　2022 年 5 月第一次印刷
定价：**25.00** 元
ISBN 978-7-112-26962-4
（38677）

建筑施工特种作业人员
培训教材编委会

3

前　　言

建筑施工是高危行业之一，建筑起重机械在建筑施工中又属于重大危险源之一，施工升降机司机为从事建筑起重机械施工的作业人员，对施工升降机的安全生产管理一直受到政府的高度重视。建筑施工特种作业人员是指在房屋建筑和市政工程施工活动中，从事可能对本人、他人及周围设备设施的安全造成重大危害作业的人员。为加强对建筑施工特种作业人员的管理，防止和减少生产安全事故，全面推进建设职业技能培训与鉴定工作，提高建设行业操作人员队伍素质，我们根据建设部开展建设职业技能培训的要求，编写了《施工升降机司机》培训教材。本教材适用于建筑业施工升降机司机的培训要求，也可供建筑施工升降机司机自学使用。

全书共分四大部分，主要由福建省工程建设质量安全协会建筑机械分会编写。第一部分由张顺编写；第二部分由许四堆编写；第三部分由邓志勇、吴震芳编写；练习题部分由邓志勇、吴震芳、张顺、许四堆共同编写。福建省建设人才与科技发展中心高级工程师卢达洲和福建省工程建设质量安全协会建筑机械分会高级工程师林霍明、黄治郁主审。

由于作者的水平有限，书中的错误一定不少，敬请读者指正，以使本书不断充实提高。

编者

2021.10

目　　录

一、专业基础知识

（一）力学基本知识

力学知识是设备搬运、起重吊装、脚手架及模板支撑搭设作业的理论基础，是选择合理、经济、高效的施工方法和机具时必须遵守的基本准则。本节主要介绍静力学和材料力学的基本知识，研究加速度为零的物体的受力分析与计算方法。

1. 力的概念

人们在生产劳动和日常生活中逐渐形成并建立了力的概念。人们对于力的认识，是由最初的推、拉、举、掷时肌肉的张紧和收缩的主观感觉而联系起来的，后来在长期的生产和生活中，通过反复的观察、实验和分析，逐步认识到无论在自然界或工程实际中，物体机械运动状态的改变或变形，都是物体间相互作用的结果。例如，汽车在刹车后速度减小，最后停止。因此，人们由感性认识上升到理性认识，形成了力的概念。

2. 力的性质

力是物体对物体的作用，一个物体受到力的作用，一定有另一个物体对它施加这种作用，力是不能摆脱物体而独立存在的。有受力物体，必定有施力物体。

两个物体之间的作用力和反作用力，总是大小相等，方向相反，沿同一直线，并分别作用在这两个物体上。作用力与反作用力的性质应相同。作用力与反作用力原理概括了两个物体之间相互作用力之间的关系，在分析物体受力时有着重要的作用。

3. 力的基本信息

（1）力的效果

力是物体对物体的作用。这种作用的效果是使物体的运动状态发生变化，或者使物体发生变形。

（2）力的三要素

力对物体的作用效果取决于三个要素：力的大小、力的方向和力的作用点。这三个要素通常称为力的三要素。因为任一要素发生改变时，都会对物体产生不同的效果。

1）力的大小

力的大小表示物体之间作用的强弱程度，在静力学中常用测力器和弹性变形来测量。在国际单位制中，力的单位是牛顿（N）或千牛顿（kN），1kN＝1000N。1N 大约是拿两个鸡蛋所用的力。用手拉伸弹簧（图 1-1），力越大或挂的钩码越重，弹簧拉得越长，这表明力产生的效果与力的大小有关。

2）力的方向

力的方向表示物体之间的作用具有方向性。用同样大小的力拉弹簧和压弹簧，拉的时候弹簧伸长、压的时候弹簧缩短，说明力的作用效果与力的作用方向有关。

3）力的作用点

力的作用点是力作用在物体上的位置。用扳手拧螺母，手握在把的 A 点比 B 点省力（图 1-2），说明力的作用效果与力在物体上的作用点有关。

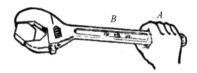

图 1-1　手拉伸弹簧　　　　　图 1-2　扳手拧螺母

总之，力的作用效果是由力的大小、方向和作用点所决定的。

4. 力的图示

力是一个既有大小又有方向的物理量，所以力是矢量。用一段带箭头的线段来表示力，它表示了力的三要素，即以线段的长度表示力的大小，箭头的指向表示力的方向，线段的起点或终点表示力的作用点。我们可用一个矢量来表示力的三个要素，如图1-3所示。矢量的长度（AB）

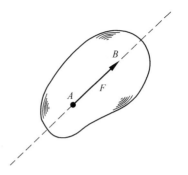

图 1-3　力的三要素

按一定的比例尺表示力的大小；矢量的方向表示力的方向；矢量的始端（点 A）表示力的作用点；矢量所沿着的直线（图 1-3 上的虚线）表示力的作用线。

5. 力的规律

经过长期的实践，人们逐渐认识了关于力的许多规律，其中最基本的规律可归纳为以下几个方面：

（1）二力平衡原理

作用在同一物体上的两个力，平衡的必要和充分条件是，这两个力大小相等，方向相反，作用在同一条直线上，如图 1-4(a) 所示。

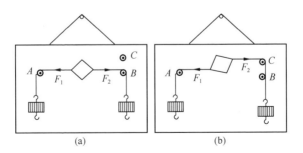

(a)　　　　　　　　　(b)

图 1-4　物体在投影面上的投影

1）力的平衡条件

上述原理说明了作用在同一物体上两个力的平衡条件。如

3

图 1-4(b) 所示，作用在纸板上的力 F_1 与 F_2 虽然大小相等，方向相反，但不在一条直线上，纸板转动，说明这两个力不是平衡力。当纸板转过一定角度后，作用在纸板上的两个力又在一条直线上时，两个力平衡，纸板重新静止下来。

2）平衡状态

静止状态；匀速直线运动状态。

（2）可传性

通过作用点沿着力的方向引出的直线，称为力的作用线。在力的大小、方向不变的条件下，力在作用线上移动而不会影响力的作用效果，这就是力的可传性，如图 1-5 所示。

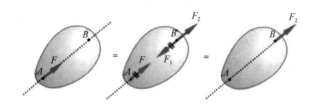

图 1-5　作用力与反作用力

6. 力矩

（1）力矩的概念

力矩是力对物体产生转动作用的物理量。力矩在物理学中是指作用力使物体绕着转动轴或支点转动的趋向。例如，当我们拧螺母时（图 1-6），在扳手上施加一力 F，扳手将绕螺母中心 O 转动，力越大或者 O 点到力 F 作用线的垂直距离 d 越大，螺母越容易被拧紧。

将 O 点到力 F 作用线的垂直距离 d 称为力臂，将力 F 与 O 点到力 F 作用线的垂直距离 d 的乘积 Fd 加上表示转动方向的正负号，称为力 F 对 O 点的力矩，用 $M_O(F)$ 表示，见式（1-1）。

$$M_O(F) = \pm Fd \tag{1-1}$$

O 点称为力矩中心，简称矩心。

正负号的规定：力使物体绕矩心逆时针转动时，力矩为正；反之，为负。

（2）力矩的单位

力矩的单位：牛顿·米（N·m）或者千牛·米（kN·m）

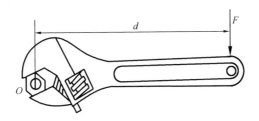

图 1-6　力矩

（3）合力矩的概念

合力矩是指合力对平面内任意一点的力矩，其等于所有分力对同一点的力矩的代数和。见式（1-2）和式（1-3）。

$$F = F_1 + F_2 + \cdots + F_n \tag{1-2}$$

则

$$M_O(F) = M_O(F_1) + M_O(F_2) + \cdots + M_O(F_n) \tag{1-3}$$

7. 物体质量

为了正确地计算物体的质量，必须掌握物体体积的计算方法和各种材料密度等有关知识。

（1）长度的量度

工程上常用的长度基本单位是毫米（mm）、厘米（cm）和米（m）。它们之间的换算关系是 1m＝100cm＝1000mm。

（2）面积的计算

物体体积的大小与其本身截面积的大小成正比。各种规则几何图形的面积计算公式见表 1-1。

名　称	图形	面积计算公式
正方形	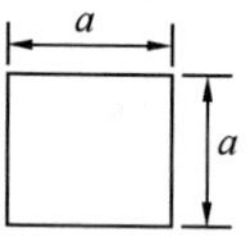	$S = a^2$
长方形	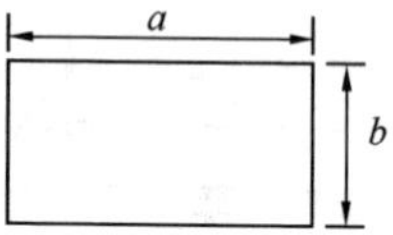	$S = ab$
平行四边形	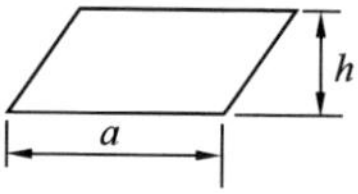	$S = ah$
三角形	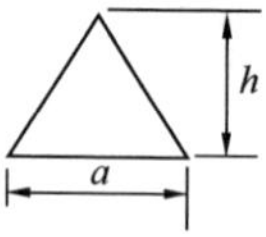	$S = \dfrac{1}{2} ah$
梯形	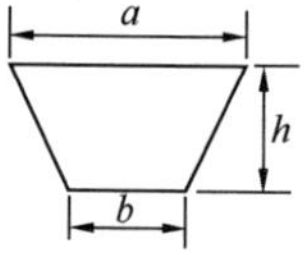	$S = \dfrac{1}{2}(a + b)h$
圆形	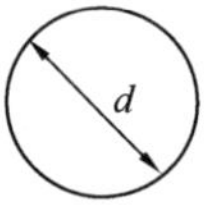	$S = \dfrac{\pi}{4} d^2$ 其中，d 为圆的直径
圆环形	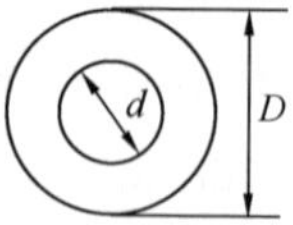	$S = \dfrac{\pi}{4}(D^2 - d^2)$ 其中，d、D 分别为内、外圆环的直径

（3）物体体积的计算

计算物体体积有两种方法：

6

1）简单规则的几何形体可以直接计算其物体的体积；

2）复杂的物体体积可以将其分解成若干个规则的或近似的几何形体。表 1-2 可查询相应的物体计算体积。

物体体积计算公式表 表 1-2

名称	图形	体积计算公式
立方体		$V = a^3$
长方体		$V = abc$
圆柱体		$V = \dfrac{\pi}{4} d^2 h$
球体		$V = \dfrac{1}{6} \pi R^3$ 其中，R 为底圆直径
空心圆柱体		$V = \dfrac{\pi}{4}(D^2 - d^2)h$

（4）物体质量的计算

计算物体质量时，需要知道物体的体积和密度，体积可通过上述方法进行计算；物理学中把物质每单位体积内的质量称之为密度，其单位是 kg/m^3。各种常用的物质密度见表1-3。

物质密度 表1-3

物体材料	密度（$\times 10^3 kg/m^3$）	物体材料	密度（$\times 10^3 kg/m^3$）
水	1.0	混凝土	2.4
钢	7.85	碎石	1.6
铸铁	7.2～7.5	水泥	0.9～1.6
铸铜、镍	8.6～8.9	砖	1.4～2.0
铝	2.7	煤	0.6～0.8
铅	11.34	砌筑砂浆	1.8～1.9
铁矿	1.5～2.5	石灰石	1.2～1.5
木材	0.5～0.7	造型砂	0.8～1.3

物体质量的计算公式（1-4）：物体的质量＝物体的密度×物体的体积

$$m = \rho V \qquad (1\text{-}4)$$

式中　m——物体的质量（kg）；

ρ——物体的材料密度（kg/m^3）；

V——物体的体积（m^3）。

8. 稳定性

稳定性就是构件保持原有平衡状态的能力。在起重运输施工中，如吊装、拖动重物等，都要保持其稳定性。物体重心超出其支承面，物体就会倾斜、转动、颠覆。为了加强重物平衡、支承稳定的程度，做到不倾斜、不转动、不颠覆，可采用下述方法：

（1）加大重物支承面的面积，如烟囱、塔类设备的底面积要适当做大些。

（2）降低重物的重心，加大设备底座的质（重）量。

（3）准确地选择好吊点和绑挂的方法。

（二）机械基础知识

1. 机械基础概述

（1）机器

机器同时产生运动和能量的转换，目的是利用或转换机械能，以代替或减轻人的劳动，一台机器不论是复杂还是简单，都包括动力装置、传动装置和工作装置三大组成部分。动力装置是机器的动力来源，常用的有电动机、内燃机，它们将电能、热能转变为机械能。传动装置是把动力装置的运动和动力传递给工作装置的中间部分。工作装置用来完成机器预定的动作，处于整个传动的终端，其结构形式取决于机器工作本身的用途。

机器一般有几个共同的特征：①机器都是由很多的机构组合而成的；②机器中各构件之间存在确定关系的相对运动；③机器可以独立工作代替人的劳动。

（2）机构

机构是把一个或几个构件的运动，变换成其他构件所需的具有确定运动的构件系统，机构只产生运动的转换，目的是传递或变换运动。机构与机器有所不同，机构仅具备机器的其中一个特征。

（3）机械

机械是一种人为的实物构件的组合，从结构和运动的观点来看，机构和机器并无区别，一般把机构和机器统称为机械。

2. 齿轮传动

常见的机械传动有齿轮传动、蜗轮传动、链传动、带传动等，此处主要介绍齿轮传动。

（1）齿轮传动

齿轮传动是通过两轮齿齿廓相互啮合来传递运动和动力的一种啮合传动。齿轮传动是各种机械中最广泛应用的一种传动，如施工升降机、塔式起重机等传动方式都采用齿轮传动。

齿轮传动的优点：①外形尺寸小；②传动效率高（一般0.95～0.98，最高可达0.99）；③传动比准确；④工作可靠，寿命长；⑤传递功率和速度范围广（由很小到几万千瓦，圆周速度可达100m/s以上）等。

齿轮传动的缺点：①需要专门的加工设备；②加工和安装精度要求高；③不适于较远距离的传动等。

（2）齿轮传动的分类

齿轮传动的种类有很多，可以按照不同的方法进行分类。按两齿轮轴线的相对位置，可分为两轴平行、两轴相交和两轴相错三类，见表1-4。其中，在施工升降机中运用最广泛的是齿轮齿条传动。

常见齿轮传动的分类 表1-4

啮合类别		图例	说明
两轴平行	直齿圆柱齿轮传动		（1）齿与齿轮轴线平行； （2）传动时，两齿轮回转方向相反； （3）制造简单； （4）标准的直齿圆柱齿轮传动，一般采用的圆周速度为2～3m/s
	斜齿圆柱齿轮传动		（1）齿与齿轮轴线倾斜成某一角度； （2）相啮合的两齿轮的齿轮倾斜方向相反，倾斜角大小相同； （3）传动平稳，噪声小； （4）工作中会产生轴向力，齿倾斜角越大，轴向力越大
	人字齿轮传动		（1）齿左右倾斜、方向相反，呈"人"字形，可以消除斜齿轮单向倾斜而产生的轴向力； （2）制造成本高

啮合类别		图例	说明
两轴平行	内啮合圆柱齿轮传动		（1）大齿轮的齿分布在圆柱体内表面，成为内齿轮； （2）大小齿轮的回转方向相同
	齿轮齿条传动		（1）相当于大齿轮直径为无穷大的外齿轮啮合运动； （2）齿轮做旋转运动，齿条做直线运动
两轴相交	直齿圆锥齿轮传动		一般用于两轴线相交成90°，圆周速度小于2m/s的场合
两轴相错	涡轮蜗杆传动		（1）工作平稳，噪声小，蜗杆螺旋角小时具有自锁功能； （2）传动效率低，价格比较贵

（3）齿轮的润滑

齿轮的润滑有三种形式：开式、半开式和闭式。

1）开式。齿轮外露，容易受到尘土侵袭，润滑不良，轮齿容易磨损，多用于低速传动和要求不高的场合。

2）半开式。装有简易防护罩，有时还浸入油池中，这样可较好地防止灰尘侵入。由于磨损仍比较严重，因此一般只用于低速传动的场合。

3）闭式。将齿轮安装在刚性良好的密闭壳体内，并将齿轮浸入一定深度的润滑油中，以保证良好的工作条件，适用于中速及高速传动的场合。

（4）齿轮传动的失效形式

齿轮传动由于某种原因不能正常工作时，称为失效。常见的齿轮传动失效形式分为齿面损坏和齿根折断两类。其中，齿面损坏主要有以下三种形式：齿面磨损、齿面点蚀和齿面胶合。施工升降机的齿轮齿条传动由于润滑条件差，灰尘、脏物等研磨性微粒易落在齿面上，轮齿磨损快，且齿根产生的弯曲应力大，因此，齿面磨损和齿根折断是施工升降机齿轮齿条传动失效的主要形式。

3. 常见的零件

机械是由许多不同功能的机械零件（简称零件）所组成的，零件作为组成机械的基本单元，有多种形式，通常将零件分为通用零件和专用零件两大类。

通用零件是指在各类机械中经常使用的零件，其功能具有通用性，按照用途可以分为：①连接零件，如螺栓、销、键等；②传动零件，如带、带轮、链、链轮和齿轮等；③支承零件，如轴、轴承等。

专用零件是指使用于某一类机械上的零件，如起重机专用零件中的滑轮、钢丝绳和卷筒等。

（1）螺栓

螺栓是指配有螺母的圆柱形带螺纹的紧固件。其由头部和螺杆（带有外螺纹的圆柱体）两部分组成的一类紧固件，需与螺母配合，用于紧固连接两个带有通孔的零件（图1-7），这种连接形式称螺栓连接。

1）螺栓的分类

螺栓的种类形式有很多，螺栓的分类方法有以下几种：

① 按连接的受力方式分：可分普通的螺栓和铰制孔用的螺栓。普通的螺栓主要承载轴向的受力，也可以承载要求不高的横

图 1-7　螺栓

向受力。铰制孔用的螺栓要和孔的尺寸配合，用在受横向力时。

②按头部形状分：螺栓头部有六角头、圆头、方形头、沉头等，其中六角头最常用。

③按螺纹的牙型分：可分粗牙和细牙两类，粗牙型在螺栓的标志中不显示。

④按照性能等级分：共有3.6、4.8、5.6、5.8、8.8、9.8、10.9、12.9八个等级，其中，8.8级以上（含8.8级）螺栓材质为低碳合金钢或中碳钢并经热处理，通称高强度螺栓，8.8级以下（不含8.8级）通称普通螺栓。

⑤按制作精度分：有A、B、C三个等级，A、B级为精制螺栓，C级为粗制螺栓。A、B级螺栓的栓杆由车床加工而成，表面光滑，尺寸精确，其材料性能等级为8.8级，制作安装复杂，价格较高，很少采用；C级螺栓用未加工的圆钢制成，尺寸不够精确，其材料性能等级为4.6级或4.8级。抗剪连接时变形大，但安装方便，生产成本低，多用于抗拉连接或安装时的临时固定。

2）螺栓的受力特点

螺栓的受力特点为承载轴向力、横向受力。

普通螺栓连接靠栓杆抗剪和孔壁承压来传递剪力，拧紧螺母时产生的预拉力很小，其影响可以忽略不计。

高强度螺栓需施加预拉力并靠摩擦力传递外力。高强度螺栓除了材料强度很高之外，还需给螺栓施加很大的预拉力，使连接构件间产生挤压力，从而使垂直于螺杆的方向有很大的摩擦力。预拉力、抗滑移系数和钢材种类都直接影响高强度螺栓的承载力。

两者区别：高强度螺栓的受力首先是在其内部施加预拉力，然后在被连接件之间的接触面上产生摩擦阻力来承受外荷载，而普通螺栓则是直接承受外荷载。高强度螺栓是预应力螺栓，摩擦型需用扭矩扳手施加规定预应力，承压型需拧掉梅花头。普通螺栓抗剪性能差，可在次要结构部位使用，普通螺栓只需拧紧即可。

整体而言，高强度螺栓连接具有施工简单、受力性能好、可拆换、耐疲劳，以及在动力荷载作用下不致松动等优点，是很有发展前景的连接方法。

3）螺栓的等级含义

螺栓性能等级标号由两部分数字组成，分别表示螺栓材料的公称抗拉强度值和屈强比值。例如：

① 性能等级 4.6 级的螺栓，其含义是：螺栓材质公称抗拉强度达 400MPa 级；螺栓材质的屈强比值为 0.6；螺栓材质的公称屈服强度达 400×0.6＝240MPa 级。

② 性能等级 10.9 级高强度螺栓，其材料经过热处理后：螺栓材质公称抗拉强度达 1000MPa 级；螺栓材质的屈强比值为 0.9；螺栓材质的公称屈服强度达到 1000MPa × 0.9 ＝ 900MPa 级。

（2）联轴器

联轴器是指连接两轴或轴与回转件，在传递运动和动力过程中一同回转，在正常情况下不脱开的一种装置。有时它也作为一种安全装置用来防止被连接机件承受过大的载荷，起到过载保护的作用。其按性能可分为刚性联轴器和挠性联轴器两类。

1）刚性联轴器

刚性联轴器不具有缓冲性和补偿两轴线相对位移的能力，要求两轴严格对中，但此类联轴器结构简单，制造成本较低，装拆、维护方便，能保证两轴有较高的对中性，传递转矩较大，应用广泛。常用的刚性联轴器有凸缘联轴器、套筒联轴器和夹壳联轴器等。

2）挠性联轴器

挠性联轴器的种类很多，具有缓冲吸振，可补偿较大的轴向位移、微量的径向位移和角位移的特点，用于正反向变化多、启动频繁的高速轴上。

（3）滑轮与滑轮组

1）滑轮

滑轮是一个周边有槽，能够绕轴转动的小轮，由可绕中心轴转动有沟槽的圆盘和跨过圆盘的柔索（绳、胶带、钢索、链条等）所组成。

滑轮有铸造滑轮和焊接滑轮。按材质不同，铸造滑轮又可分为铸铁和铸钢两种。轻型塔式起重机常用铸铁滑轮，而中重型塔式起重机则用铸钢滑轮或焊接滑轮。大直径滑轮多采用焊接而成，因其重量轻，加工费用低。

滑轮直径一般为钢丝绳直径的 20 倍左右。滑轮通过滑动轴承或滚动轴承安装在滑轮轴上。滑轮的轮缘有凹形槽，以防止钢丝绳脱槽。

滑轮按其固定方式可分为定滑轮和动滑轮两种；按其作用特点可分为导向滑轮和平衡滑轮两种；按滑轮的数量来分，又有单门滑轮、双门滑轮、三门滑轮等，最多为 12 门滑轮。其中：

① 定滑轮，通常作为导向滑轮和平衡滑轮使用。它只能改变绳索的受力方向，而不能改变绳索的速度，也不能省力。固定于塔式起重机起重臂头部的滑轮和装在塔帽上的滑轮都属于定滑轮。

② 动滑轮，其在使用中是随着重物移动而移动的，可以用较小的拉力来吊起较重的重物。因为重物的重量同时被两根绳分担着，每根绳所分担的力只有重物的一半。如其与吊钩组装在一起，可成为随吊钩一同升降的动滑轮，能省力，但不能改变用力的方向。

2）滑轮组

滑轮组是由钢丝绳穿绕若干个定滑轮和动滑轮而组成的起重装置。它具有定滑轮和动滑轮两者的优点，又能克服两者的不足，可起到省力和改变钢丝绳受力方向的作用。

3）滑轮及滑轮组使用注意事项

① 使用前应查明其允许荷载，检查滑轮的轮槽、轮轴、夹板、吊钩（或吊环）等各部分有无裂缝和损伤情况，滑轮转动是否灵活等。确认良好，方能使用。

② 滑轮组穿好后，要缓慢地加力；绳索收紧后应检查各部分是否良好，有无卡绳之处，如有不妥，应立即更正，不得勉强作业。

③ 滑轮的吊钩（或吊环）中心，应与起吊构件的重心在一条铅垂线上，以免构件起吊后不稳；滑轮组上滑轮之间的最小距离应根据具体情况而定，一般为 $700\sim1200\text{mm}$。

④ 滑轮在使用前后，都要刷洗干净，轮轴要加油润滑，使之转动轻便，减少磨损和锈蚀。

4）滑轮的报废

当滑轮出现下列情形时，应予以报废：

① 滑轮出现裂纹或轮缘破损；

② 滑轮绳槽壁厚磨损量达原壁厚的 20%；

③ 滑轮槽底的磨损量超过相应钢丝绳直径的 25%。

（4）钢丝绳

钢丝绳在起重作业过程中属于必备的重要部件，具有强度高、挠性好、自重轻、运行平稳且极少突然断裂等优点，广泛地应用于起重机的起升、变幅、牵引等机构中，且大量用于起重运输作业中的吊装及捆绑。

1）钢丝绳的构造

钢丝绳（图 1-8）通常由多根钢丝捻成绳股，再由多股绳股围绕绳芯捻制而成。

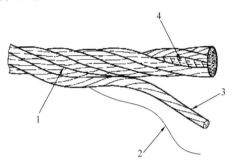

图 1-8　钢丝绳

1—钢丝绳；2—钢丝；3—股；4—芯

2）钢丝绳的标记

根据《钢丝绳 术语、标识和分类》GB/T 8706—2017，钢丝绳的标记格式如图 1-9 所示。

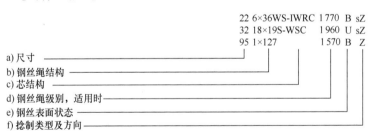

图 1-9　钢丝绳的标记格式

3）钢丝绳的分类

按照《重要用途钢丝绳》GB 8918—2006 的规定，钢丝绳分类如下：

① 按捻法：分为右交互捻（ZS）、左交互捻（SZ）、右同向捻（ZZ）和左同向捻（SS）。同向捻的钢丝绳，表面较平整、柔

软，具有良好的抗弯曲疲劳性能，比较耐用。其缺点是绳头断开处绳股易松散，悬吊重物时容易出现旋转，易卷曲扭结。因此在吊装中不宜单独采用。

② 按绳芯：分为纤维芯和钢芯两种，其中，纤维绳芯的材料又分为天然纤维芯、合成纤维芯，天然纤维芯使用量最大。纤维芯钢丝绳比较柔软，易弯曲，纤维芯可浸油以润滑、防锈、减少钢丝间的摩擦；钢芯的钢丝绳耐高温、耐重压，硬度大、不易弯曲。

4）钢丝绳的选用

相同直径的钢丝绳，每股绳内钢丝越多，其公称抗拉强度越低，每根钢丝直径越细，则钢丝绳的挠性也越好，但钢丝绳越易磨损。反之，每股绳内钢丝越少，其公称抗拉强度越高，每根钢丝直径越粗，则钢丝绳的挠性也越差，但钢丝绳越耐磨损。因此不同型号的钢丝绳使用范围也不同。

5）钢丝绳的固定与连接

钢丝绳在使用中需要与其他承载构件连接传递载荷，绳端连接处应牢固可靠，常用的绳端固定方式如下：

① 编结连接。将钢丝绳绕于心形垫环上，尾端各股分别编插于承载支各股之间，每股穿插 4~5 次，然后用细软钢丝扎紧，编结长度不应小于钢丝绳直径的 15 倍，且不应小于 300mm。

② 楔块、楔套连接。钢丝绳一端绕过楔块，利用楔块在套筒内的紧锁作用使钢丝绳固定，这种方法装拆方便。

③ 锥形套浇铸法。先将钢丝绳拆散，切去绳芯后插入锥形套筒中，把钢丝末端弯成钩状，然后灌满溶铅，经过冷却即成。这种方法操作复杂，仅用于大直径钢丝绳，如缆索起重机械的支承绳。

④ 绳夹连接。钢丝绳夹又称钢丝绳卡。钢丝绳夹用于钢丝绳终端头的固定连接及捆绑绳的固定。使用钢丝绳夹应注意：每一连接处所需绳夹的数量应符合规定要求，钢丝绳的直径不同，绳夹的间距和数量也不同；钢丝绳的紧固强度取决于绳径和绳夹

的匹配度，以及一次紧固后的二次调整紧固；钢丝绳夹间的距离应为钢丝绳直径的6～7倍；绳夹紧固时，应该将U形环部分卡在绳头（即活头）一边，这是因为U形环与钢丝绳的接触面积小，容易使钢丝绳产生扭曲和损伤，如卡在主绳一边，则可能降低主绳的强度；绳夹不得在钢丝绳上交替布置；使用绳夹时，应将U形环螺栓拧紧，直到钢丝绳直径被压扁约1/3为止；为检查钢丝绳受力后绳夹是否移动，可加装一只安全绳夹，安全绳夹一般安装在距最后一只绳夹500mm左右处，将绳头放出一段安全弯后与主绳夹紧，如出现绳夹有滑动现象时，安全弯就会被拉直，便于及时发现，采取加固措施；绳端末端与距它最近一个绳夹的距离应为140～160mm。

⑤ 铝合金套压缩法。将绳端套入一个长圆形铝合金套管中，头部钢丝绳弯成小钩，用压力机压紧即可。

6）钢丝绳的安全使用

① 新更换的钢丝绳应与原装的钢丝绳同类型、同规格。如采用不同类型的钢丝绳，应保证新换钢丝绳性能不低于原钢丝绳，并能与卷筒和滑轮的槽形相符，钢丝绳捻向应与卷筒绳槽螺旋方向一致，单层卷绕时应设导绳器加以保护，以防乱绳。

② 新装或更换钢丝绳时，从卷轴或钢丝绳卷上抽出钢丝绳时应注意防止钢丝绳打环、扭结、弯折或粘上杂物。

③ 新装或更换钢丝绳时，截取钢丝绳时应在截取两端处用细钢丝扎结牢固，防止切断后绳股松散。

④ 运动的钢丝绳与机械某部位发生摩擦接触时，应在机械接触部位加适当保护措施；捆绑绳与吊载棱角接触时，应在钢丝绳与吊载棱角之间加垫木或铜板等保护措施，以防钢丝因机械割伤而破断。

⑤ 起升钢丝绳不准斜吊，以防钢丝绳乱绳而出现故障。

⑥ 严禁超载起吊，应安装超载限制器或力矩限制器加以保护。

⑦ 在使用中应尽量避免突然的冲击振动。

⑧ 应安装起升限位器，以防过卷而拉断钢丝绳。

7）钢丝绳的安全检查

① 安全检查周期

起重机司机有责任在每个工作日中，都尽可能对钢丝绳任何可见部位进行观察，以便及时发现钢丝绳的损坏与变形，如有异常应及时通报主管部门进行处理。

主管人员对一般起重机械及吊装捆绑作业用的钢丝绳，每月至少进行一次安全检查；对建筑工地起重机械用的钢丝绳，每周至少进行一次安全检查；对吊运熔化或赤热金属、酸溶液、爆炸物、易燃物及有毒物品的起重机械用钢丝绳，每周至少应进行两次安全检查。

② 安全检查部位

一般部位。应注意检查钢丝绳运动和固定的始末端；检查通过滑轮组或绕过滑轮组的绳段，特别是负载时绕过滑轮的钢丝绳的任何部位；检查平衡滑轮的绳段；检查与机械某部位可能引起磨损的绳段；检查有锈蚀等腐蚀及疲劳部分的绳段。

绳端部位。绳端固定连接部位的安全可靠性对起重机械的安全十分重要，对绳端部位应做好如下安全检查：检查从固接端引出的钢丝绳，因为该部位如发生疲劳断丝或腐蚀则极其危险；检查固定装置的本身变形或磨损；对于采用压制或锻造绳箍的绳端固定装置，应检查是否有裂纹及绳箍与钢丝绳之间是否有产生滑动的可能；检查绳端可拆卸的楔形接头、绳夹、压板等装置内部和绳端内的断丝及腐蚀情况，以确保绳端固定的紧固可靠性；检查编制的环状插口式绳头尾部是否有突出的钢丝会划伤手。如绳端固定装置附近或绳端固结装置内有明显断丝或腐蚀，可将钢丝绳截短再重新装到绳端固定装置上，且钢丝绳的长度应满足在卷筒上缠绕的最少圈数（一般为 3 圈）要求。

③ 安全检查内容

造成钢丝绳破坏的主要因素是：钢丝绳工作时随着反复的弯曲和拉伸而产生疲劳断丝；钢丝绳与卷筒和滑轮之间反复摩擦而

产生的磨损破坏；钢丝绳绳股间及钢丝间的相互摩擦引起的钢丝磨损破坏；钢丝受到环境的污染腐蚀引起的破坏；钢丝绳遭到机械等破坏产生的外伤及变形等。因此，钢丝绳的安全检查重点应是疲劳断丝数、磨损量、腐蚀状态、外伤和变形程度以及各种异常与隐患。

8）钢丝绳的维护保养

钢丝绳的维护保养应根据起重机械的用途、工作环境和钢丝绳的种类而定。注意对钢丝绳的安全使用，注意日常观察和定期检查钢丝各部位异常与隐患。对钢丝绳的保养最有效的措施是适当地对钢丝绳进行清洗并涂抹润滑油脂。

如工作的钢丝绳上出现锈迹或绳上凝集大量污物，为消除锈蚀并消除污物对钢丝绳的腐蚀破坏，应拆除钢丝绳进行清洗除污保养。

清洗后的钢丝绳应及时地涂抹润滑油或润滑脂，为提高润滑油脂的浸透效果，往往将洗净的钢丝绳盘好再投入加热至 $80\sim100℃$ 的润滑油脂中泡至饱和，这样润滑脂便能充分地浸透到绳芯中。当钢丝绳重新工作时，油脂将从绳芯中不断渗溢到钢丝之间及绳股之间的空隙中，大大改善钢丝之间及绳股之间的摩擦状况而降低磨损破坏程度。同时钢丝绳由绳芯溢出的油脂又会降低钢丝绳与滑轮之间、钢丝绳与卷筒之间的磨损状况。如果钢丝绳上污物不多，也可以直接在钢丝绳的重要部位，如经常与滑轮、卷筒接触部位的绳段及绳端固定部位绳段涂抹润滑油或润滑脂，以减少摩擦，降低钢丝绳的磨损量。

对卷筒或滑轮的绳槽也应经常清理污物，如果卷筒或滑轮绳槽部分有破裂损伤造成钢丝绳加剧破坏时，应及时对卷筒、滑轮进行修整或更换。

当起升钢丝绳分支在四支以下时，空载时常见钢丝绳在空中打花扭转，此时应及时拆卸钢丝绳，让钢丝绳伸直，在自由状态下放松消除扭结，然后重新安装。

对吊装捆绑绳，除了适当进行清洗浸油保养之外，重要时刻应注意加垫保护钢丝绳不被重物棱角割伤，并应特别注意使捆绑绳尽量避免与灰尘、砂土、煤粉矿渣、酸碱化合物接触，一旦接触应及时清除干净。

9）钢丝绳的报废

钢丝绳经过一定时间的使用，其表面的钢丝发生磨损和弯曲疲劳，使钢丝绳表层的钢丝逐渐折断，折断的钢丝数量越多，其他未断的钢丝承担的拉力越大，会促使断丝速度加快。当断丝发展到一定程度，保证不了钢丝绳的安全性能时，则应予以报废。钢丝绳的报废还应考虑磨损、腐蚀、变形等情况，通常钢丝绳的报废应综合考虑钢丝绳的性质和数量、绳端断丝、断丝的局部聚集、断丝的增加率、绳股断裂、绳径减小、弹性降低、外部磨损、外部及内部腐蚀、变形、由于受热或电弧引起的破坏、永久伸长的增加率等项目。

（三）钢结构基础知识

1. 钢结构的特点

钢结构是由钢板、型钢和钢管等构件通过焊接、螺栓和铆接、销轴等形式连接而成的，它是能起到承受和传递载荷的一种结构形式。钢结构与其他结构相比具有以下特点：

（1）可靠性高。钢结构具有足够的强度、刚度和稳定性，以及良好的机械性能。

（2）自重轻。钢结构具有体积小、厚度薄、重量轻的特点，便于运输和拆装。

（3）易加工。钢结构所用材料以型钢和钢板为主，加工制作简便，精准度较高。

（4）耐锈蚀性差。钢材容易锈蚀，对钢结构必须注意防护，在涂油漆之前应彻底除锈，油漆质量和涂层厚度均应符合要求。在对钢结构的检查过程中应注意钢材的锈蚀情况。

（5）耐火性差。钢材受热时，温度超过 200℃后，钢材材质变化较大，其强度趋于逐步降低。温度达到 600℃时，钢材进入塑性状态，不能承载。因此，对于有防火要求的部位，应按规定采取隔热措施。

2. 钢结构的材料

（1）钢结构材料性能要求

钢结构所使用的钢材应当具有较高的强度、塑性、韧性，良好的工艺性能，不但应易于加工制造，而且不应因加工而对结构的强度、塑性、韧性造成较大的不利影响。

（2）钢结构材料的选用

钢结构所采用的材料一般为 Q235 钢、Q345 钢。普通碳素钢 Q235 系列钢，强度、塑性、韧性及可焊性都较好，是建筑起重机械使用的主要钢材。低合金钢 Q345 系列钢，是在普通碳素钢中加入少量的合金元素炼成的，其力学性能好，强度高，对低温的敏感性不高，耐腐蚀性能较强，焊接性能也好，用于受力较大的结构中可节省钢材，减轻结构自重。

3. 钢材的规格

型钢和钢板是制造钢结构的主要钢材。钢材有热轧成型及冷轧成型两类。热轧成型的钢材主要有型钢及钢板，冷轧成型的有薄壁型钢及钢管。热轧钢板有角钢、工字钢、槽钢和钢管。按照国家标准规定，型钢和钢板均具有相关的断面形状和尺寸。

（1）热轧钢板

厚钢板，厚度 4.5～60mm，宽度 600～3000m，长 4～12m；

薄钢板，厚度 0.35～4.0mm，宽度 500～1500mm，长 1～6m；

扁钢，厚度 4.0～60mm，宽度 12～200mm，长 3～9m；

花纹钢板，厚度 2.5～8mm，宽度 600～1800mm，长 4～12m。

（2）角钢

角钢分等边和不等边两种。不等边角钢的表示方法为，在符号"L"后加"长边宽×短边宽×厚度"，如 L100×80×8，对于等边角钢则以边宽和厚度表示，如 L 100×8，单位 mm。

（3）槽钢

槽钢有普通槽钢和轻型槽钢两种，也以其截面高度的厘米数编号。例如 20 号槽钢的断面高度均为 20cm。

（4）工字钢

工字钢有普通工字钢、轻型工字钢和 H 型钢。普通工字钢和轻型工字钢用号数表示，号数即为其截面高度的厘米数。20号以上的工字钢，同一号数有三种腹板厚度，分别为 a、b、c 三类。如 130a、130b、130c，a 类腹板较薄用，作受弯构件时较为经济。轻型工字钢的腹板和翼缘均较普通工字钢薄，因而在相同重量下其截面模量和回转半径均较大。H 型钢是世界各国使用很广泛的热轧型钢，与普通工字钢相比，其翼缘内外两侧平行，便于与其他构件相连。H 型钢规格以高度（mm）×宽度（mm）表示，目前生产的主流 H 型钢规格为 100mm×100mm 至800mm×300mm 或宽翼 427mm×400mm，厚度（指主筋壁厚）6～20mm，长度 6～18m。

（5）钢管

钢管有无缝钢管和焊接钢管两种，用符号"ϕ"后面加"外径×厚度"表示，如 $\phi400×6$，单位为 mm。

（6）冷弯薄壁型钢

冷弯薄壁型钢是用冷轧钢板、钢带或其他轻合金材料在常温下经模压或弯制冷加工而成的。用冷弯薄壁型钢制成的钢结构自重轻，省材料，截面尺寸又可以自行设计，目前在轻型的建筑结构中已得到应用。

4. 钢材的特性

（1）钢材的塑性

钢材的主要强度指标和多项性能指标是通过单项拉伸试验获得的，通过试验得到钢材的拉伸应力－应变曲线，钢材一般具有明显的弹性阶段、弹塑性阶段、塑性阶段及变硬化阶段。在弹性阶段、弹塑性阶段，钢材的变形随着应力的加大而变形加大，但是当应力释放后，钢材恢复到原来的形状，这种变形属于弹塑性变形。如果应力加大超过屈服点 σ_s 时，钢材会发生塑性变形，出现的破坏叫作塑性破坏。

（2）钢材的脆性

脆性破坏的特点是在钢材的塑性变形很不明显，有时甚至是在应力小于屈服点的情况下突然发生的，这种破坏形式对钢结构的危害比较大。钢材脆性破坏有以下几个影响因素：

1）低温。随着温度的下降，钢材的韧性也不断下降，当温度达到某一低温值后，钢材就处于脆性状态，冲击韧性比较小，容易发生破坏。

2）应力集中。钢结构在焊接过程中存在缺陷（气孔、裂纹、夹杂等），或者钢材在制造过程中有开孔、开槽、凹角、厚度变化等情况，都会导致钢材截面中的应力分布不均匀，在这些缺陷、孔槽或损伤处，将产生局部的应力集中。

3）加工硬化（残余应力）。钢材经过弯曲、冷压、冲孔、剪裁等加工之后，会产生整体硬化，降低塑性和韧性，这种现象称为加工硬化（或冷作硬化）。热轧型钢在冷却过程中，在截面突变处，如尖角、边缘及薄细部位率先冷却，其他部位渐次冷却，先冷却部位约束后会阻止后冷却部位的自由收缩，产生复杂的热轧残余应力分布。不同形状和尺寸规格的型钢残余应力分布不同。

4）焊接。钢材在焊接时焊缝附近的温度很高，钢材的热影响区域经过高温和冷却过程，其内部的金相组织会发生变化，促使钢材脆化。

5. 钢材的疲劳性

钢材在连续反复的交变荷载作用下，即使所受的应力低于屈服力 σ_s，也会发生破坏，这种破坏叫作疲劳破坏。疲劳破坏属于一种脆性破坏。疲劳破坏时所能达到的最大应力会随着载荷重复次数的增加而降低。

6. 钢结构的连接

钢结构连接通常是由若干个构件以一定的方式相互连接而组成的，常用的连接方法有焊缝连接、螺栓连接与铆钉连接等。

（1）焊缝连接

焊缝连接是现代钢结构中最主要的连接方法。其优点是：构造简单，任何形式的构件均可直接相连；用料经济，不削弱截面；制作加工方便，可实现自动化操作，连接的密闭性好，结构刚度大。其缺点是：在焊缝附近的热影响区内，钢材的金相组织发生改变，导致局部材质变脆；焊接残余应力和残余变形使受压构件承载力降低；焊接结构对裂纹很敏感，局部裂纹一旦发生，就容易扩展到整体，低温冷脆问题较为突出。

（2）螺栓连接

螺栓连接广泛应用于可拆卸的连接，螺栓连接主要有普通螺栓连接与高强度螺栓连接两种。普通螺栓连接分为精制螺栓（A级与B级）和粗制螺栓（C）连接。普通螺栓材质一般采用Q235钢，普通螺栓的强度等级为 $3.6 \sim 6.8$ 级。高强度螺栓按强度分为 8.8、9.8、10.9 和 12.9 级四个等级，按受力状态可分为抗剪螺栓和抗拉螺栓。

（3）铆钉连接

铆钉连接由于构造复杂，费钢费工，现已很少采用。但是铆钉连接的塑性和韧性较好，传力可靠，质量易于检查，在一些重型和直接承受动力荷载的结构中，亦有所采用。

7. 焊缝表面质量检查

焊缝缺陷的存在将削弱焊缝的受力面积，在缺陷处引起应力集中，对连接强度、冲击韧性及冷弯性能等均有不利影响。因此，焊缝质量检验极为重要。

焊缝质量检验一般可采用外观检查及内部无损检验，前者检查外观缺陷和几何尺寸，后者检查内部缺陷。内部无损检验目前广泛采用超声波检验，使用灵活、经济，对内部缺陷反应灵敏，但不易识别缺陷性质；有时还用磁粉检验、荧光检验等较简单的方法作为辅助。此外，还可采用X射线或γ射线透照或拍片，X射线应用较广。

（四）电工基础知识

1. 常用低压电器分类

电器的种类繁多，用途很广，在电力拖动系统中多采用交流电压 1200V 以下的低压电器，低压电器按其作用的不同分为控制电器、保护电器和辅助电器。

控制电器可将电动机接到电网上或从电网上脱开，并用于控制电动机的启动，调整正反转和制动。根据其性质，可分为手动控制电器和自动控制电器两种。手动控制电器是由人工直接操作而动作的，例如刀开关、转换开关、凸轮控制器等；自动控制电器是指其在完成接通、分断、启动、反向和停止等动作时，由于本身参数的变化或外来信号的控制而自动进行的，例如接触器、继电器、自动开关等设备。

保护电器主要是保护电动机或其他用电设备，使之能安全工作。其按照保护任务的不同分为过电流保护电器和欠压（或零压）保护电器两种。过电流保护电器在电动机的工作电流超过允许值时，会自动切断电源，防止因短路或严重过载而引起事故。用作短路保护及过载保护的电器有熔断器、过电流继电器和热继电器等。欠压（或零压）保护电器在电网电压降低到一定限度（或消失）时会自动切断电源，以免因电压急剧降低（或消失）后又突然恢复正常而使电动机产生很大的电流冲击和机械冲击。同时其还可防止因电压消失后出乎意料的供电而给工地人员造成危害。用作欠压保护的电器有欠压（或零压）继电器、接触器等。

辅助电器主要包括各种导线和移动供电装置。由于起重机械的工作机构在作业中经常移动位置，若以固定的电源供电时，则需要采用电线、电缆和移动供电装置将电流从电源引至各个工作机构，因此辅助电器亦称为电流引入装置。

2. 常用电气元器件

常用的开关元件亦属于控制元件，包括刀开关、自动空气开

图 1-10　刀开关

关（或称自动空气断路器、自动开关）和转换开关等。

（1）刀开关

刀开关就是闸刀开关（图 1-10），在配电装置中主要是用于隔离电源。闸刀开关具有结构简单、造价低廉等优点，应用十分广泛，其既可以控制小容量照明电路的接通和分断，也可以直接启动、停止小型小容量的单相或三相的电动机。但是其分断能力差，在分断和接通电源的瞬间，闸刀上会出现电弧，电路的电压越高，电流越大，产生的电弧也越大，电弧会烧坏闸刀开关，严重时还会伤人。因此，其仅限于接通或分断操作不频繁的低压电路中使用。闸刀开关分为单相和三相，一般单相闸刀开关用于照明电路的总开关或支路开关，三相闸刀开关可用于 7.5kW，380V 以下的小容量电动机作为开关与短路过载保护器。如台钻、砂轮机、切割机等闸刀开关具有结构简单、造价低廉等优点，应用十分广泛，但其缺点是带电合闸拉闸灭弧能力差。安装、维修与使用闸刀开关必须注意以下几点：

1）闸刀开关的额定电压应大于电路的额定电压，其额定电流应稍大于电路中的最大负载电流。如果用闸刀开关控制小型电动机，闸刀开关的额定电流应为电动机额定电流的三倍。

2）闸刀开关应竖直安装在绝缘板上，不应平装或倒装，上接线端子接电源，通过闸刀、保险丝后，下接线端子接负载，手柄向上为合闸方向，并应安装在防潮、防尘、防振处。

3）接线时，应拧紧接线螺丝，接好后要用手拉一下所有接入的电线，看是否压紧，如果不紧，必须重新紧固，以防接触电阻增大，烧坏接线螺丝。

4）必须盖好闸刀开关的上下灭弧罩，并拧紧固定螺丝，以保证其带电操作时的灭弧能力。

5）作为隔离开关使用时，要注意通、断电的顺序，即通电时先合闸，再接通负载；断电时先断负载，后断闸刀开关。

6）带负荷操作时，人应尽量远离闸刀开关，动作必须迅速，避免合闸时刀片与定触头之间产生的电弧灼伤人体。

（2）自动空气开关

自动空气开关（图 1-11），又称自动空气断路器。主要适用于不频繁操作的交流 50Hz、电压 380V，在直流电压 220V以下的电路中可作为接通和分断电路之用。自动空气开关是具有过载及短路保护功能的电器装置，以保护电缆和线路等

图 1-11　自动空气开关

设备不因过载过热而损坏，而且分断能力较强，应用极为广泛，是低压配电网络中一种十分重要的保护电器。

使用与维护：

1）分断自动空气开关时必须将手柄拉向"分"字处，闭合由手动分断的自动空气开关时，应先将手柄拉向"分"字处，使自动空气开关脱扣，再将手柄推向"合"字处。

2）板后接线的自动空气开关，必须安装在绝缘板上，板前接线的可以安装在金属骨架上。

3）固定自动空气开关的底板必须平整，否则在旋紧安装螺丝时，自动空气开关的胶木底座会因受到弯曲应力而损坏，为了防止飞弧，应将自动空气开关的螺母线包上 200mm 宽的绝缘物。

4）自动空气开关接线时应将盖子取下，接好后再将其盖好。

5）来自电源的导线应接在自动空气开关灭弧室侧的接线端

子上，接到电器上的导线应接在自动空气开关的脱扣侧的接线端子上。

6）装在自动空气开关中的电磁脱扣器，调整牵引杆与双金属片间距的调节螺丝不得任意调整，以免因影响脱扣器动作性能而发生事故。

7）当自动空气开关的电磁脱扣器的整定电流与使用场所不符时，应将自动空气开关在校验设备上重新调整后再使用。

8）自动空气开关在正常情况下使用，应定期维护，一般为六个月至一年维修一次，转动部分若不灵活或润滑油已干燥时可添加润滑油。

9）电路短路造成自动空气开关断开后，应立即进行外观检查。

（3）转换开关

转换开关适用于交流 50Hz、电压 380V 及直流电压在 400V 以下的电路中，作为电气控制线路（控制电磁线圈，电气测量仪表和伺服电动机）的转换和电压 380V、5.5kW 及以下的三相鼠笼式异步电动机的直接控制（启动、可逆转化、多速电动机变速）之用，如图 1-12 所示。

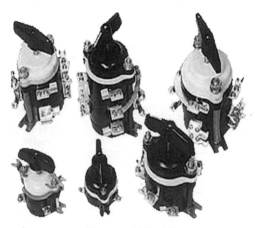

图 1-12　转换开关

（4）控制器

起重机械各工作机构电动机的启动，调速制动，换向以及变速均是在驾驶室内通过人力操作控制器的手柄（或手轮）来实现的。

起重机械常用的控制器有：凸轮控制器、主令控制器、凸轮型主令控制器、万能转换开关、联动操作台和便携式操作台。

1）凸轮控制器

凸轮控制器是一种挡位较多，触头数量较多的手动控制器。常用来控制电动机的启动、制动、调速和反转，线路简单，维护方便。其特点是：具有可逆对称线路；用于控制绕线转子异步电动机时，转子可接不对称电阻，以减少转子触头的数量；用于控制起升机构电动机下降时，不能达到稳定低速，只能靠电动操作来实现准确停车。

凸轮控制器由机械结构（包括手柄或手轮，转轴、凸轮、杠杆，弹簧和定位棘轮等）、电器结构（包括触头、接线及联板等）和固定防护结构（包括上、下盖板外置及消弧等）三部分组成。

凸轮控制器的触头或触点，可分成三部分，即切换电动机定子电路的触头，切换电动机转子电路的触头，切换辅助电路的触头。凸轮控制器的触头间，用装在总轴（转轴）上的凸轮来操作通断。当转轴转动时，凸轮的凸起部分支柱带活动触头的杠杆上端的磙子，使活动触头与固定触头断开；当转轴带凸轮转动到凸轮的凹处时，凸轮支不住触头的杠杆上端的磙子时，杠杆上的磙子落入轴上凸轮的平坦处，活动触头受弹簧的作用压在固定触头上，使触头接触，接通线路。凸轮控制器适用于动作比较频繁的作业，但操作频次不得超过 600 次/h。

2）主令控制器

主令控制器又称磁力控制器或远距离控制器，其本身同电动机并没有直接联系，而是通过操作磁力控制盘（装有一套接触器、继电器、熔断器及其他控制保护电器的交流磁力控制盘）的控制网路而实现对电动机的启动、制动，换向和改变转速的控制。这种控制器适用于大容量电动机的控制，每小时通断次数可达到或超过 600 次。

3）凸轮型主令控制器

凸轮型主令控制器因其接触部分的构造仿照凸轮控制器接触部分而得名，在起重机械上应用较广，特点是体积小、使用灵便、动作可靠。

4）万能转换开关

其特点是体积小巧，便于集中布置在操作盘上，操作方便，可改善起重机械操作人员的劳动强度。目前，一些轻型起重机械的操作系统常采用这种控制装置。

（5）交流接触器

交流接触器是用来频繁地远距离接通或分断主电路或大容量控制电路的一种电器（图 1-13），其应用非常广泛，一般情况下接触器用按钮来操作，在自动控制系统中，也可用继电器、限位开关或其他控制元件等来操作，以实现自动控制。

图 1-13　交流接触器

交流接触器与闸刀开关的不同之处是，前者是利用电磁装置进行工作，而后者则通过人工接通和切断电源。

1）交流接触器的结构

交流接触器主要由电磁系统和触头组成。线圈与下铁芯固定不动，线圈通电时，便产生电磁吸力，将上铁芯吸合，动触片与上铁芯同装在一根轴上。因此，上铁芯带动着动触片向下运动并与对应的静触片接触，此时三相电流接通，电动机开始旋转。反之，线圈断电，磁力消失，动、静触片相分离，三相电流被切断，电动机便停止运行。

2）交流接触器的型号

接触器的型号过去常用 CJ 系列，20 世纪 80 年代后的起重机械电气系统大多采用 LC1-D、LC2-D 及 LP1-D 系列交流接触器，现今生产的国产新型起重机械的电气系统大多采用 CJX4、CJX4-d 系列及 CJX4-150d 交流接触器。上述各种系列交流接触器主要用于交流 50Hz，额定电压 220V、380V 至 660V，在 AC-3 使用类别下额定工作电压为 380V 时额定工作电流为 150A 的电路中，供远距离接通和分断电路，并可适当地与热继电器组成电磁启动器，以在电机过载时起保护作用。

（6）继电器

继电器是根据一定的信号，例如电压，电流或时间来接触或断开小电流的电器，在起重机械电路中大多利用其来接通或断开接触器的吸引线圈，从而达到控制或保护电动机的目的。继电器的种类较多，其结构和原理与接触器相似，其分断电流较小，触头体积也小。

起重机械上所使用的继电器可分为时间继电器、中间继电器、欠电流继电器、过电流继电器和热继电器等类型。

1）时间继电器（图 1-14）

时间继电器一般设在磁力控制盘中，通过一定的延时实现控制回路的自动接通和切断，调节范围为 0.2～3s 。

2）中间继电器（图 1-15）

中间继电器是用作起重机械电气设备的辅助继电器。当主接触器触点数量和容量不能满足实际作业需要也不能满足接通和切

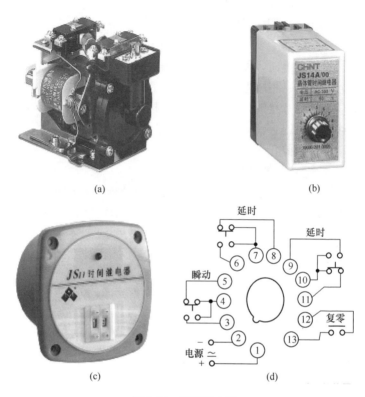

图 1-14　时间继电器

（a）JS7 系列；（b）JS14A 系列；（c）JS11 系列；
（d）JS11 系列时间继电器的端子接线图

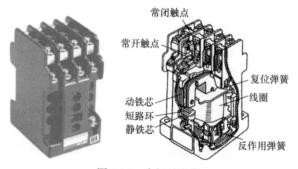

图 1-15　中间继电器

断操作回路的需要时，常要使用这类中间继电器。

3）欠电流继电器（图 1-16）

欠电流继电器常在起重机械电路中起到对电磁离合器涡流线圈的控制和保护作用。

图 1-16　过、欠电流继电器

4）过电流继电器

在超负荷运行、电气和机械系统发生故障以及短路等情况下，电流会急剧增大，从而烧坏电动机。过电流继电器的用途就是过载保护，防止这类损坏事故的发生。过电流继电器根据电动机的功率而调定，其电流应比电动机额定电流大 1.8～2 倍。

5）热继电器

热继电器常用在起重机械中作为三相电动机的过载保护（图 1-17）。其构造简单，主要元件是发热元件（电阻丝）、双金属片、常闭触点及其他的机械元件。由于热继电器的热惰性较大，对于负荷变化大、间歇运行的电动机不适用，仅适用于负荷稳定连续运行的电动机。

6）断相与相序保护继电器

断相与相序保护继电器，在三相交流电动机中用作断相保护，并在不可逆转传动设备中作相序保护用，性能可靠，适用范围广，使用方便（图 1-18）。断相与相序保护继电器适用于交流 50Hz、电压 380V 的供电电路中。用于交流接触器、开关电器等

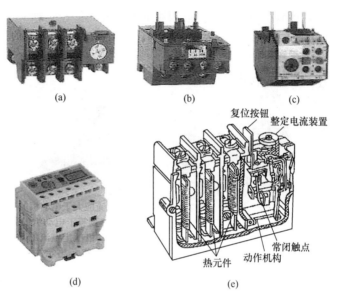

图 1-17　热继电器

(a) JR36 系列；(b) JRS1 系列；(c) JRS2 系列；
(d) 电子式热继电器；(e) JR36 系列热继电器的结构

控制的电动机控制电路中。当电动机主电路出现错相、断相、电压不平衡等故障时，保护器可以及时断开主回路交流接触器，分断电动机的三相电源，快速可靠地保护电动机。

该保护器采用电压取样方式，与电动机的功率大小无关，无需进行任何电流等级的整定和调整，具有适用广泛，性能稳定可靠的优点。

使用注意事项如下：

① 如在原控制回路中接入断相与相序继电器后，电动机无法启动，说明相序保护继电

图 1-18　断相与相序保护继电器

器鉴别已起到作用，只需将相序保护继电器上的三相电源接线中的任意两线相互换接即能正常启动，此时相序已认定。

② 电器与底座间有扣盘锁紧，在拔出继电器本体前应先扳开扣盘，然后缓慢拔出继电器。

（7）安全保护开关

在起重机械中，安全保护开关（也叫限位开关或行程开关）应用广泛。限位开关在电气线路上的作用如同普通开关，用在起重机械上时，则用作行程控制、限位控制、重量限制和力矩限制等的安全保护装置。例如在起重机械中，可用作主卷扬的高度限位；在回转中可用作防止主电缆扭转的控制；装在起重量限制器和起重量力矩限制器上的限位开关则用作安全保护。由于用途不同，装设位置不同，所以限位开关的形式也有所不同。

（8）漏电断路器

漏电断路器是一种中性的对地漏电保护装置（图 1-19），适用于交流 50Hz、额定电压 380V 或 220V、额定电流 100～400A 的电路中，防止因设备绝缘损坏、接地故障、人身触电、线路过

图 1-19　漏电断路器

载及短路出现事故。

漏电断路器主要由零序电流互感器、电子控制漏电脱扣器及带有过载和短路保护的断路器组成。当被保护的电路中漏电或有人触电，只要漏电电流达到动作电流值，电流互感器的二次绕组就输出一个信号，并通过漏电脱扣器动作，从而切断电源，起到漏电和触电保护作用。

在合闸通电的状态下，按动试验按钮，如断路器能分闸，则说明断路器是正常可靠的，可投入使用，否则说明断路或保护线路中有故障，需要进行检测及检修。

使用与维护：

1）漏电断路器的漏电、过载、短路保护特性均由制造厂家确定，在使用中不可随意调整，以免影响性能。

2）试验按钮的作用在于漏电断路器在安装运行一定时期后，可用来模拟漏电故障，促使漏电保护开关跳闸，以此来判断漏电保护开关是否正确动作。

3）如断路器因被保护电路发生故障而分闸，则操作手柄处于脱扣位置，检查原因，排除故障后，先将操作手柄向下扳动，使操作机构"再扣"后，才能进行合闸操作。

4）断路器外壳盖上接头必须接入零线，以保证电子线路正常工作。

二、专业技术理论

（一）施工升降机概述

施工升降机是指临时安装，用吊笼载人、载物沿导轨做上下运输的施工机械。施工升降机不包括电梯、矿井提升机、无导轨架的升降平台等。

1. 施工升降机的分类及型号

（1）施工升降机的分类

1）施工升降机按其传动形式可分为：齿轮齿条式（SC）、钢丝绳式（SS）和混合式（SH）三种；

2）施工升降机按其驱动形式可分为：普通驱动式、变频驱动式和液压驱动式等；

3）施工升降机按其导轨架结构可分为：单柱和双柱两种，按导轨架的轴线形状可分为：垂直式、倾斜式（图 2-1）、曲线式（图 2-2）；

图 2-1　倾斜式

图 2-2　曲线式

4）施工升降机按其使用用途可分为：货用施工升降机和人货两用施工升降机；

5）施工升降机按其吊笼数量可分为：单吊笼、双吊笼和多吊笼；

6）施工升降机按其是否带对重可分为：带对重（D）和不带对重。

（2）施工升降机的型号

施工升降机型号由组、型、特性、主参数和变型更新等代号组成。

1）型号说明

升降机的型号由组代号、型代号、特性代号、主要参数和变型代号组成，如图 2-3 所示：

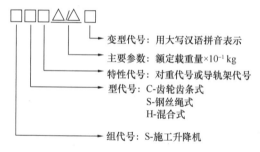

变型代号：用大写汉语拼音表示
主要参数：额定载重量×10^{-1} kg
特性代号：对重代号或导轨架代号
型代号：C-齿轮齿条式
　　　　　S-钢丝绳式
　　　　　H-混合式
组代号：S-施工升降机

图 2-3　施工升降机型号组成

2）主要参数代号：单吊笼施工升降机只标注一个数值，双吊笼施工升降机标注两个数值，用符号"/"分开，每个数值均为一个吊笼的额定载重量代号。对于 SH 型施工升降机，前者为齿轮齿条传动吊笼的额定载重量代号，后者为钢丝绳提升吊笼的额定载重量代号。

3）特性代号：表示施工升降机两个主要特性的符号。

① 对重代号：有对重时标注 D，无对重时省略。

② 导轨架代号：

对于 SC 型施工升降机：三角形截面标注 T，矩形或片式截面省略；倾斜式或曲线式导轨架则不论何种截面均标注 Q。

对于 SS 型施工升降机：导轨架为两柱时标注 E，单柱导轨架内包容吊笼时标注 B，不包容时省略。

4）示例

① 施工升降机 SCD200/250，表示该施工升降机为：齿轮齿条式施工升降机，双吊笼有对重，一个吊笼的额定载重量为 2000kg，另一个吊笼的额定载重量为 2500kg，导轨架横截面为矩形。

② 施工升降机 SSB320，表示该施工升降机为：钢丝绳式施工升降机，单柱导轨架横截面为矩形，导轨架内包容一个吊笼，额定载重量为 3200 kg。

目前我国常用的施工升降机主要型号有：SC150/150、SC200/200、SC270/270、SCD150/150、SCD200/200、SSD100/100、SSD120/120、SSD160/160 等。

2. 施工升降机的基本技术参数

具体见表 2-1。

<table>
<tr><td colspan="2" align="center">基本技术参数</td><td align="right">表 2-1</td></tr>
<tr><td colspan="2" align="center">基本参数</td><td align="center">定义</td></tr>
<tr><td colspan="2" align="center">额定载重量（kg/人）</td><td>工作工况下吊笼允许的最大载荷</td></tr>
<tr><td colspan="2" align="center">额定安装载重量（kg）</td><td>安装工况下吊笼允许的最大载荷</td></tr>
<tr><td colspan="2" align="center">额定提升速度（m/min）</td><td>吊笼装载额定载重量，在额定功率下稳定上升的设计速度</td></tr>
<tr><td colspan="2" align="center">最大提升高度（m）</td><td>吊笼运行至最高上限位位置时，吊笼底板与基础底架平面间的垂直距离</td></tr>
<tr><td colspan="2" align="center">电机功率（kW）</td><td>电机功率×传动单元数量×吊笼数量</td></tr>
<tr><td rowspan="2" align="center">防坠
安全器</td><td align="center">制动载荷（kN）</td><td>安全器可有效制动停止的最大载荷</td></tr>
<tr><td align="center">安全器动作
速度（m/s）</td><td>能触发防坠安全器开始动作的吊笼或对重的运行速度</td></tr>
<tr><td colspan="2" align="center">自由端高度（m）</td><td>最后一道附着以上，能保证施工升降安全作业的架设高度</td></tr>
</table>

基本参数	定义
吊笼净空 $L×W×H$（m×m×m）（长×宽×高）	吊笼内空间大小
标准节尺寸（mm×mm×mm）（长×宽×高）	组成导轨架的可以互换的构件尺寸大小
标准节质量（kg）	组成导轨架的可以互换的构件单件重量，主弦杆壁厚不同，故重量不同
对重质量（kg）	有对重的施工升降机的对重重量
整机质量（kg/设计高度）	安装高度在设计高度下的整机重量

示例：

1 台 SC200/200 施工升降机，吊笼净空：3200mm × 1500mm×2500mm，如果单纯载人则只能装载 24 个人，允许装载 2000kg。

此施工升降机设计高度为 380m，所用的标准节规格为 650mm×650mm×1508mm，共需安装 253 节标准节，其中，下端 80 节标准节立管的厚度为 8.0mm，中间 80 节标准节立管的厚度为 6.3mm，上面 93 节标准节立管的厚度为 4.5mm。

此施工升降机采用变频调速，提升速度约是 0～63m/min，配置 3 台 20kW 电机和 75kW 变频驱动器。

此施工升降机配置的安全器型号是 SAJ50-1.6（表示额定负载为 5t，额定动作速度 1.60m/s）。其主要技术参数如表 2-2 所示。

升降机的主要技术参数 表 2-2

型号	SC200/200
额定载重量（kg/人）	2000/24
额定安装载重量（kg）	2000
额定提升速度（m/min）	0～63

型号		SC200/200
最大提升高度（m）		373
电机功率（kW）		20×3×2
防坠安全器	制动载荷（kN）	50
	额定动作速度（m/s）	1.60
自由端高度（m）		7.5
吊笼净空 $L×W×H$（m×m×m）（长×宽×高）		3.2×1.5×2.53
标准节尺寸（mm×mm×mm）（长×宽×高）		650×650×1508
标准节质量（kg）	4.5	141
	6.3	157
	8.0	177
整机质量（kg）（380m）		52.3×10³

（二）齿轮齿条式施工升降机

齿轮齿条式施工升降机是一种采用齿轮齿条传动方式通过动力驱动装置减速器带动驱动齿轮转动，再由驱动齿轮和导轨架上的齿条啮合，通过驱动齿轮的转动带动吊笼载人、载物沿导轨做上下垂直运输的施工机械。其主要应用于多层或高层建筑施工中人员的垂直交通及各施工层的物料的垂直运输，也可以用作仓库、码头、船坞、高塔、高烟囱等的运输机械。

目前我国建筑工地基本上使用普通垂直双笼式，即为对重（SCD 型）和无对重（SC 型）两种形式。

对重式（SCD 型）施工升降机（图 2-4），用齿轮齿条传动，双吊笼、带对重、有司机室、两/三传动单元的施工升降机。特点：启动电流较小、电压较低，启动较平稳；但导轨架加高时，必需拆下对重钢丝绳、天轮及支架，待标准节加装到所需高度后，再重新安装和调整对重系统。

无对重式（SC 型）施工升降机（图 2-5），用齿轮齿条传动，双吊笼、不带对重、有司机室、两/三驱动单元的施工升降机。特点：驱动力矩大、当提升高度增加时，可直接加装标准节；但启动电流较大、对供电容量要求较高。

图 2-4　对重式　　　　　图 2-5　无对重式

目前，齿轮齿条式施工升降机具有便捷的垂直运输功能和可靠的安全防护性能，是其他同类起重机械无法替代的，是当前建筑施工中最常用的垂直运输机械。

1. 基本结构和工作原理

（1）基本结构

施工升降机由金属结构、驱动装置、安全装置和控制系统四部分组成。主要机械构件有导轨架、吊笼、传动装置、防坠安全器、底架、地面防护围栏、附着装置、安装吊杆、电缆导向装置、电缆护架、电气装置、对重系统、层门等。

（2）工作原理

图 2-6 所示为单导轨架双吊笼结构的 SC 型施工升降机。司机通过启动电源，驱动装置上的电机通电，通过减速机输出轴上

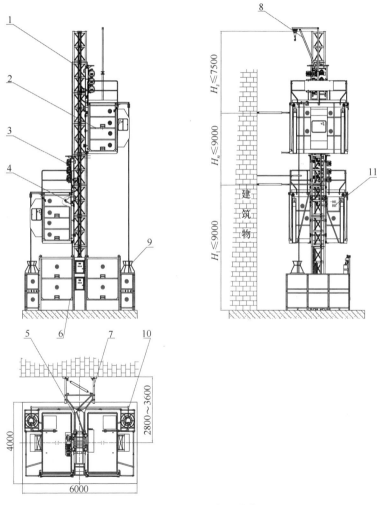

图 2-6　SC200/200 施工升降机

1—导轨架；2—吊笼；3—传动装置；4—防坠安全器；5—底架；6—地面防护围栏；
7—附着装置；8—安装吊杆；9—电缆导向装置；10—电缆护架；11—电气装置

的驱动齿轮与导轨架上的齿条啮合带动吊笼做上升下降运动。

2. 主要零部件

齿轮齿条式施工升降机主要由导轨架、吊笼、传动装置、底架、地面防护围栏、附着装置、安装吊杆、电缆导向装置、对重系统（带对重型）、电气装置、安全装置及层门等组成。

（1）导轨架

1）导轨架由标准节通过高强度螺栓按标准预紧连接组成，隔一定高度用附墙架固定在建筑物上，并在导轨架顶部和底部装有限位挡板；吊笼通过传动装置沿导轨安全运行。

导轨架安装和使用时，其轴心线与底座水平基准面的垂直度偏差应符合表 2-3 中的规定。标准节在拼装的过程中应注意相邻标准的立柱结合面应平直，相互错位阶差应满足：吊笼导轨小于 0.8mm、配重导轨小于 0.5mm；相邻两齿条的对接处，沿齿高方向的阶差不应大于 0.3mm，沿长度方向的齿距偏差不应大于 0.6mm。当立管壁厚减少至出厂前的 25％时，应给予报废处理或壁厚降级使用。

安装垂直度偏差　　　　　　　　　　表 2-3

导轨架架设高度 H （m）	$H \leqslant 70$	$70 < H \leqslant 100$	$100 < H \leqslant 150$	$150 < H \leqslant 200$	$H > 200$
垂直度偏差值 （mm）	$< H/1000$	$\leqslant 70$	$\leqslant 90$	$\leqslant 110$	$\leqslant 130$

2）标准节（图 2-7）是由钢管、角钢及钣金件等焊接而成的桁架式金属结构，一侧或两侧装有对重导轨和齿条；标准节主弦杆下端焊有止口，齿条下端设有柱销，以便安装时准确定位。

标准节规格主要根据导轨架安装高度来选择，比较常用的标准节规格是 650mm×650mm×1508mm，重量约 140kg，其四条主弦杆是 $\phi76$ 钢管，可以根据高度和载重要求，采用不同厚度的钢管，如图 2-8 所示为国内某施工升降机生产厂家的一个标准节

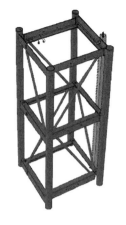

图 2-7 导轨架、标准节

高度配置图。

通常随着高度的变化，主支撑钢管厚度也应进行变化，安装时应将主弦杆钢管厚度较大的标准节放置在下面，即从下到上，从厚到薄安装。

3) 限位挡板是牢固安装在导轨架上用于触发安全开关的金属构件，当施工升降机运行或安全装置动作触发安全开关时应能使吊笼停止运行，避免事故发生。当额定提升速度小于 0.8m/s 时，上限位开关挡板安装位置应保证吊笼触发该开关后，停止吊笼的最高位置距导轨架顶部安全距离不小于 1.8m；当额定提升速度大于等于 0.8m/s 时，上限位开关挡板安装位置应保证吊笼触发该开关后，停止吊笼的最高位置距导轨架顶部最小安全距离满足公式（2-1）：

$$L=1.8+0.1V^2 \tag{2-1}$$

式中　L——上部安全距离，m；

　　　　V——提升速度，m/s。

下限位挡板安装位置，应保证以额定速度运行的吊笼在接触下极限开关前自动停止；停车后吊笼底部与缓冲弹簧距离为 300～

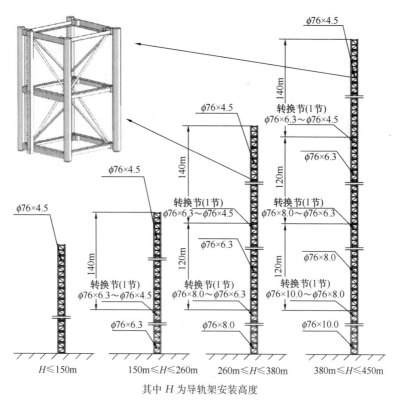

图 2-8　标准节主支撑管厚度配置图表

400mm；当设备额定速度大于 0.7m/s 时，应设置减速挡块，使吊笼在行程最上和最下端限位开关之前提前减速。

（2）驱动装置

驱动装置（图 2-9）由驱动小车架与驱动单元组成。驱动架下端的吊叉与吊笼顶的吊耳用柱销铰接，各驱动单元的驱动齿轮通过与导轨架齿条啮合所产生的驱动力在驱动小车架的滚轮导向作用下带动吊笼沿导轨架升、降或停留；在驱动装置与吊笼之间使用传感销（超载保护装置）连接，能够检测出吊笼是否超载，当吊笼超载时会向操作者发出警报。

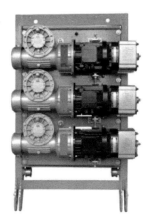

图 2-9　驱动装置

传动小车架由车架、传动板、滚轮、导向轮、安全钩等组成；传动小车需安装至少一对安全钩，防止滚轮损坏时传动机构脱离导轨架。

驱动单元由传动齿轮、减速器、弹性联轴器、电磁制动电动机等组成。一般减速器有两种：平面包络环面蜗杆减速器或齿轮减速器。涡轮蜗杆减速器具有结构紧凑、承载能力高、工作平稳等特点，齿轮减速器具有传动效率高、热交换性能好、安装维护简易、运行噪声小、经久耐用、适用性强的特点。联轴器为挠爪式，两联轴器间有塑胶缓冲块以减轻运行时的冲击和振动。电动机为起重用盘式制动三相异步电机，其制动器电磁铁可随制动盘的磨损实现自动补偿，且制动力矩可调。制动器带有手动松闸装置，可通过手动松闸将吊笼放至地面（图 2-10）。

（3）吊笼

吊笼（图 2-11）是施工升降机的主要工作部件，用于装载运输人员或者使货物沿导轨架运行。

图 2-10　制动器释放示意图

吊笼有采用型钢、钣金件及钢板网等焊接而成的"整体式"结构吊笼也有由多个钢结构通过装配组成的结构（"模块式"吊笼、"拆分式"吊笼），同时前后设有开启高度不小低 1.8m 的进出料门或侧门；笼顶设有面积不小于 0.4m×0.6m 的紧急出口，并配有专用扶梯，供人员上下；笼顶设有高度不小于 1.10m 的防护栏保障安拆、维保、检测人员作业过程的安全；吊笼的侧面嵌装有操作室（或无操作室），全部操作开关均设在控制台上；立柱上装有两组正压轮且

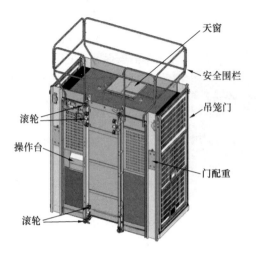

天窗

安全围栏

吊笼门

滚轮

操作台

门配重

滚轮

图 2-11　吊笼

两侧装有侧轮使吊笼紧贴在导轨架上运动；在最低一组驱动齿轮
下方装有一至两对防脱安全钩防止滚轮损坏吊笼脱离导轨架。

吊笼门的形式有很多种（图 2-12），通常是在门上安装有滑
轮，可以沿着吊笼上的滑道上下或左右滑动开启。

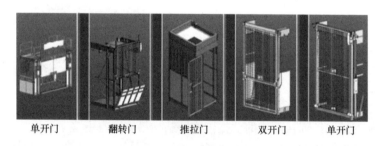

单开门　　　翻转门　　　推拉门　　　双开门　　　单开门

图 2-12　常见吊笼门形式

（4）底架

底架（图 2-13）是用来安装施工升降机导轨架及围栏等构
件的机架。

底架由型钢和钣金件拼焊而成，作导轨架底座，承受由升降

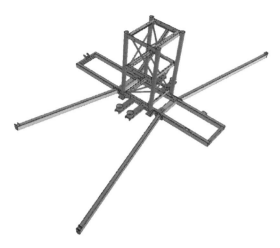

图 2-13 底架

机传递的全部垂直载荷，并配备缓冲弹簧减小吊笼冲底冲击力。

（5）地面防护围栏

地面防护围栏（图 2-14）在地面上将吊笼、对重升降和电

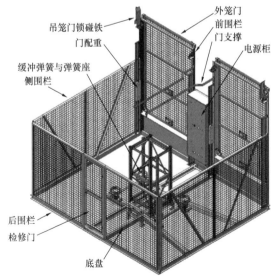

图 2-14 地面防护围栏

缆小车通道全部包围起来，形成高度不低于 1.8m 的封闭区域，防止使用时人或物料进入，保证安全工作。

地面防护围栏由型钢、钣金件及钢板网焊接而成的围栏片，连同围栏门、外电箱架和前围栏支撑组成。

（6）附着装置

附着装置是按一定间距连接导轨架与建筑物或其他固定结构，从而支撑升降机整体结构的稳定，防止失稳倾覆的重要构件，其附墙方式一般分为直接附墙式（图 2-15）和间接附墙式（图 2-16）。

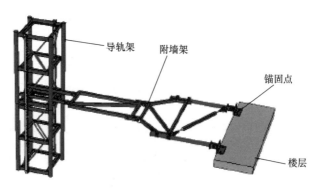

图 2-15　直接附墙式

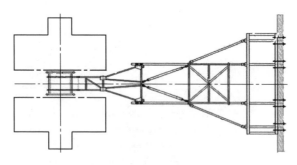

图 2-16　间接附墙式

附着间距，依据各个厂家设计及说明书要求设置。

（7）安装吊杆

吊笼顶安装吊杆是升降机装拆标准节等部件的提升装置；当升降机的基础部分安装就位后，就可以用安装吊杆上的微型电动葫芦将吊笼顶的标准节吊到已安装好的导轨架顶部进行接高作业。反之，当进行拆卸作业时，吊杆可以将导轨架标准节由上至下顺序拆下，安装吊杆有电动型和手动型两种。使用时须注意不能超载、斜吊使用。

（8）电缆导向装置

电缆导向装置用于保证接入吊笼内的电缆随线在吊笼上下运行时，不偏离电缆通道，并保持在工作规定的位置，确保供给吊笼的电力正常。

导向装置是施工升降机的可选配件，工地及使用单位会根据现场环境（如导轨架安装高度）为施工升降机选择合适的电缆导向装置。由于电缆是柔性体，导向装置在设计时已尽量使电缆在多种极端情况下避免与施工升降机或建筑物上其他部件发生碰撞、挂扯，但在日常工作中，仍要经常留意和检查其运行情况。

电缆导向装置通常有如下四种（表2-4）。

常见电缆导向装置 表2-4

分类	使用说明	适用范围	优点	不足
电缆筒（图2-17）	1. 圆筒状（筒的大小和高度由安装高度和使用的电缆规格决定）； 2. 电缆下端一头直接由外线接入，上端一头固定在电缆托架上，整体卷放在筒内，当升降机向上运行时，从筒内被抽出，向下运行时，电缆在自身圈绕惯性及重力的作用下自动卷入筒内	适合100m内使用	形式简单，成本低廉	1. 安装高度过高时，电缆本身重量太大，容易拉断； 2. 速度太快/环境风力较大时，电缆无法顺畅回收到筒内

分类	使用说明	适用范围	优点	不足
电缆小车 (图 2-18)	1. 电缆小车主要由滚轮、框架和大滑轮组成； 2. 当升降机向上运行时，电缆带着电缆小车向上运行，升降机向下运行时，电缆小车带着电缆跟着向下运行。不管是向上还是向下，电缆都处于一种拉紧状态；电缆小车可以安装在吊笼正下方或在导轨架吊笼的对面	中高层及以下建筑物	降低电缆线自重	1. 小车在运行时可能会发生卡阻，造成电缆被拉断； 2. 要求对应的围栏门槛高度相对较高，一般在 0.45～1.5m 之间
电缆滑车 (图 2-19)	1. 电缆滑车主要由工字钢导轨、滑车架、大滑轮和导轨支撑组成； 2. 工字钢导轨固定在外笼底盘上，并支撑固定在导轨架侧面，沿着导轨架安装比导轨架一半高度高 3m； 3. 滑车架可以沿着工字钢导轨做上下运行，滑车架上装有大滑轮，电缆的穿线方法和使用情况与电缆小车相同；双笼时两个滑车架需要共用一条工字钢导轨	适用于环境比较恶劣及有特殊要求的场合	不容易发生卡阻问题	结构更复杂，成本也较高
电缆滑触线 (图 2-20)	1. 电缆滑触线主要由带电绝缘导轨，导电接触头和导轨支撑组成； 2. 带电绝缘导轨固定支撑在导轨架侧面，安装至导轨架相同高度，带电绝缘导轨下端与接入电缆连接； 3. 导电接触头固定在吊笼上，在吊笼上运行过程中始终与带电绝缘导轨接触	适合高层建筑	1. 压降比较小，安装高度相对较高； 2. 不需要负担电缆重量，因此吊笼负载能力比前三种电缆形式都好	结构最复杂，安装的直线度、对接等的要求较高，成本比较高

54

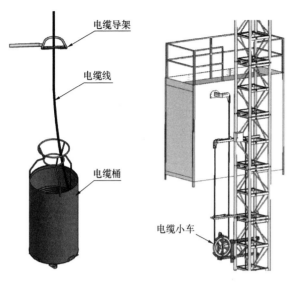

图 2-17　电缆滑车图　　　　图 2-18　电缆滑车

图 2-19　电缆滑车

图 2-20　电缆滑触线

除电缆滑触线形式外，上述三种形式的电缆导向装置均会在导轨架的垂直方向上，每隔 6m 左右安装一个电缆保护架，作用是保护电缆在风力的影响下及吊笼上下穿行时，不改变自身的垂直度。

（9）对重系统

对重系统是 SCD 型施工升降机专用构件。其包括对重体、对重导轨与导轮、对重滑轮（天轮）与滑轮支架、对重钢丝绳、对重偏心绳具、钢丝绳盘绳架以及钢丝绳夹紧装置等（图 2-21）。该系统的作用是平衡吊笼自重及部分载荷的重量，减少驱动和制动力矩，从而减少驱动单元，同时减小启动时的电流和电压降，提高启动的稳定性。

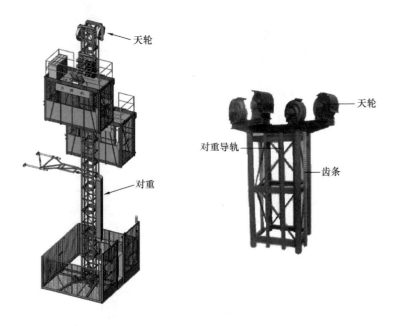

图 2-21　对重系统、悬挂式天轮

采用对重系统的缺点是加高时比较复杂，而且对重钢丝绳与齿条相比，在使用次数相同的情况下，其使用寿命和安全系数比较低，容易发生故障，例如对重出轨或钢丝绳折断。对重所使用的钢丝绳要求为双绳形式。

另外，用钢丝绳夹对钢丝绳绳端固接时，应符合以下 GB/T 5976 中的规定：

1）钢丝绳夹的布置

钢丝绳夹应按图 2-22 所示把夹座扣在钢丝绳的工作段上，U形螺栓扣在钢丝绳的尾段上。钢丝绳夹不得在钢丝绳上交替布置。

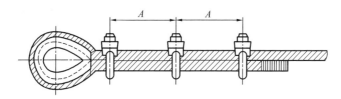

图 2-22　绳卡示意图

2）钢丝绳夹的数量

对于符合本标准规定的适用场合，每一连接处所需钢丝绳夹的最少数量可参照表 2-5。

钢丝绳夹数量要求　　　　　　　　表 2-5

绳夹规格（钢丝绳公称直径）（mm）	≤18	18～26	26～36	36～44	44～60
绳夹的最少数量（组）	3	4	5	6	7

3）钢丝绳夹间的距离

钢丝绳夹间的距离 A 等于 6～7 倍钢丝绳直径。

（10）层门

层门是设置在层站上通往吊笼的可封闭门，对卸料通道起安全保护作用。层门采用型材做框架，封上钢板或钢丝网，并设置牢固可靠的紧固装置，层门的开、关过程应由吊笼内乘员操作，不得受层站内人员控制、不得向吊笼通道开启。层门形式可分为：标准层门（图 2-23）、机械联锁层门（图 2-24）。

3. 安全装置

SC 型施工升降机安全装置主要由防坠安全器、超载保护装置、安全限位装置、联锁装置、防脱安全钩、防脱挡块、急停开关等组成，SCD 型施工升降机还有防松绳装置。

图 2-23　标准层门　　　图 2-24　机械联锁层门

（1）防坠安全器

1）防坠安全器的分类及特点

防坠安全器（图 2-25）是非电气、气动和手动控制的防止

图 2-25　防坠安全器

吊笼或对重坠落的机械式安全保护装置，当吊笼或对重出现超速下行情况时，能在设置的距离、速度内使吊笼安全停止。防坠安全器按其制动特点可分为渐进式和瞬时式两种形式。

渐进式防坠安全器是一种初始制动力（或力矩）可调，制动过程中制动力（或力矩）逐渐增大的防坠安全器。其特点是制动距离较长，制动平稳，冲击小。瞬时式防坠安全器是初始制动力（或力矩）不可调，瞬间即可将吊笼或对重制停的防坠安全器。其特点是制动距离较短，制动不平稳，冲击力大。

施工升降机常用的渐进式防坠安全器的全称为齿轮锥鼓形渐进式防坠安全器，简称安全器。

① 渐进式防坠安全器的使用条件

A. SC 型施工升降机

SC 型施工升降机应采用渐进式防坠安全器，不能采用瞬时式防坠安全器。当升降机对重质量大于吊笼质量时，还应加设对重防坠安全器。

B. SS 型人货两用施工升降机

对于 SS 型人货两用施工升降机，其吊笼额定提升速度大于 0.63m/s 时，应采用渐进式防坠安全器。

② 渐进式防坠安全器的构造

渐进式防坠安全器主要由齿轮、离心式限速装置、锥鼓形制动装置等组成。离心式限速装置主要由离心块座、离心块、调速弹簧、螺杆等组成；锥鼓形制动装置主要由壳体、摩擦片、外锥体加力螺母、蝶形弹簧等组成。安全器结构如图 2-26 所示。

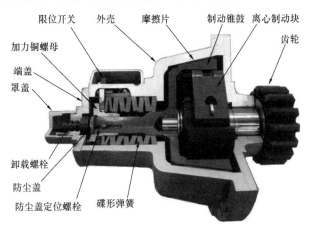

图 2-26　安全器结构图

③ 渐进式防坠安全器的工作原理

安全器安装在施工升降机吊笼的防坠安全器底板上，一端的齿轮啮合在导轨架的齿条上，当吊笼在正常运行时，齿轮轴带动离心块座、离心块、调速弹簧和螺杆等组件一起转动，安全器不会动作。当吊笼瞬时超速下降或坠落时，离心块在离心力的作用

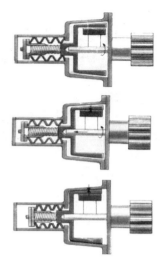

图 2-27　防坠安全器工作原理

下压缩调速弹簧并向外甩出，其三角形的头部卡住外锥体的凸台，随后带动外锥体一起转动。此时锥体尾部的外螺纹在加力螺母内转动，由于加力螺母被固定住，故锥体只能向后方移动，使锥体的外锥面紧紧地压向胶合在壳体上的摩擦片，当阻力达到一定量时可使吊笼停止运动（图 2-27）。

④ 渐进式防坠安全器的主要技术参数

A. 额定制动载荷

额定制动载荷是指安全器可有效制动停止的最大载荷，目前标准规定为 20、30、40、60kN 四挡。SC100/100 型和 SCD200/200 型施工升降机上配备的安全器额定制动载荷一般为 30kN；SC200/200 型施工升降机上配备的安全器额定制动载荷一般为 40kN。

B. 标定动作速度

标定动作速度是指按限定的防护目标运行速度而调定的安全器开始动作时的速度。具体见表 2-6 的规定。

防坠安全器标定动作速度　　　　　　　　　　　表 2-6

施工升降机额定提升速度 v（m/s）	安全器标定动作速度 v_1（m/s）
$v \leqslant 0.60$	$v_1 \leqslant 1.00$
$0.60 < v \leqslant 1.33$	$v_1 \leqslant v + 0.40$
$v > 1.33$	$v_1 \leqslant 1.3v$

注：对于额定提升速度低、额定载重量大的施工升降机，其防坠安全器可采用较低动作速度。

C. 制动距离

制动距离指从安全器开始动作到吊笼被制动停止时，吊笼所移动的距离。制动距离应符合表 2-7 的规定。

防坠安全器制动距离 表 2-7

施工升降机额定提升速度 v（m/s）	安全器制动距离（m）
$v \leqslant 0.65$	$0.10 \sim 1.40$
$0.65 < v \leqslant 1.00$	$0.20 \sim 1.60$
$1.00 < v \leqslant 1.33$	$0.30 \sim 1.80$
$1.33 < v \leqslant 2.40$	$0.40 \sim 2.00$

2）防坠安全器的安全技术要求

① 防坠安全器必须进行定期检验标定，定期检验应由具有相应资质的单位进行；

② 防坠安全器只能在有效的标定期内使用，有效检验标定期限不应超过 1 年，防坠安全器使用寿命为 5 年；

③ 施工升降机每次安装后，必须进行额定载荷的坠落试验，以后至少每三个月进行一次额定载荷的坠落试验。试验时，吊笼不允许载人；

④ 防坠安全器出厂后，动作速度不得随意调整；

⑤ SC 型施工升降机使用的防坠安全器安装时透气孔应向下，紧固螺孔不能出现裂纹，安全开关的控制接线完好；

⑥ 防坠安全器动作后，需要由专业人员实施复位，使施工升降机恢复到正常工作状态；

⑦ 防坠安全器在任何时候都应该起作用，包括安装和拆卸工况；

⑧ 防坠安全器不应由电动、液压或气动操作的装置触发；

⑨ 一旦防坠安全器触发，正常控制下的吊笼运行应由电气安全装置自动中止。

（2）超载保护装置

超载限制器是用于施工升降机超载运行的安全装置，常用的有电子传感器式、弹簧式和拉力环式三种。

1）电子传感器超载保护装置

电子传感器超载保护装置是施工升降机常用的电子传感式保护装置（图 2-28）。其工作原理：当重量传感器得到吊笼内载荷变化而产生的微弱信号，输入放大器后，经 A/D 转换成数字信

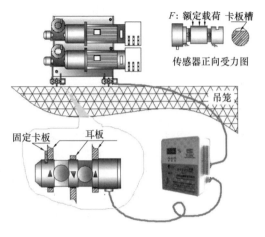

F: 额定载荷　卡板槽

传感器正向受力图

吊笼

固定卡板　耳板

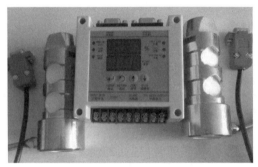

图 2-28　电子传感式保护装置

号，再将信号送到微处理器进行处理，将其结果与所设定的动作点进行比较，如果通过所设定的动作点，则继电器分别工作。当载荷达到额定载荷的 90% 时，警示灯闪烁，报警器发出断续声响；当载荷接近或达到额定载荷的 110% 时，报警器发出连续声响，此时吊笼不能启动。保护装置采用了数字显示方式，可实时显示吊笼内的载荷值变化情况，还能及时发现超载报警点的偏离情况，及时进行调整。

2）弹簧式超载保护装置

弹簧式超载保护装置安装在地面转向滑轮上，主要用于钢丝绳式施工升降机中。图 2-29 所示为弹簧式超载限制器结构示意图。超载保护装置由钢丝绳、地面转向滑轮、支架、弹簧和行程开关组成。当载荷达到额定载荷的 110% 时，行程开关被压动，断开控制电路，使施工升降机停机，起到超载保护作用。其特点是结构简单、成本低，但可靠性较差，易产生错误动作。

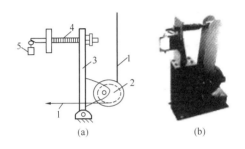

图 2-29 弹簧式超载保护装置

（a）原理图；（b）实物图

1—钢丝绳；2—转向滑轮；3—支架；4—弹簧；5—行程开关

3）拉力环式超载保护装置

图 2-30 为拉力环式超载保护装置结构。该超载限制器由弹簧钢片、微动开关和触发螺钉组成。

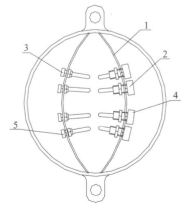

图 2-30 拉力环式超载保护装置示意图

1—弹簧钢片；2、4—微动开关；3、5—触发螺钉该装置在使用时将两端串入施工升降机吊笼与传动板或提升钢丝绳中,当受到吊笼载荷重力时,拉力环会立即变形,两块变形钢片会立即向中间挤压,带动装在上边的微动开关和触发螺钉。当受力达到报警限制值时,其中一个开关动作;当拉力环继续增大,达到调节的超载限制值时,另一个开关也动作,断开电源,吊笼不能启动。

4)超载保护装置的安全要求

① 超载保护装置的显示器须防止淋雨受潮;

② 在安装、拆卸、使用和维护过程中应避免对超载保护装置的冲击、振动;

③ 使用前应对超载保护装置进行调整,使用中如发现设定的限定值出现偏差,应及时进行调整。

(3)行程安全控制开关

行程安全控制开关(图 2-31)在施工升降机的吊笼超越允许运动的范围时,能自动停止吊笼的运行。其主要有上、下行程限位开关、减速开关和极限开关。

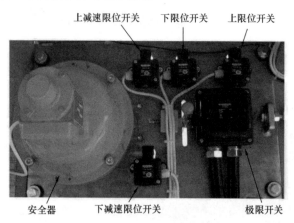

图 2-31 行程安全控制开关

1)行程限位开关

上、下行程限位开关安装在吊笼安全器底板上,当吊笼运行至上、下限位位置时，限位开关与导轨架上的限位挡板碰触，吊笼停止运行，当吊笼反方向运行时，限位开关自动复位。

2）减速开关

变频调速施工升降机必须设置减速开关，吊笼下降时，在触发下限位开关前，应先触发减速开关，使变频器切断加速电路，以避免吊笼下降时冲击底座。

3）极限开关

施工升降机必须设置极限开关，吊笼运行时如果上、下限位开关失效，并越程后，极限开关须切断总电源使吊笼停止运行。极限开关应为非自动复位型的开关，其动作后必须手动复位才能使吊笼重新启动。在正常工作状态下，下极限开关挡板的安装位置，应保证吊笼碰到缓冲器之前，极限开关首先动作。

注：当升降机运行至顶端，为防止因某种原因限位开关和极限开关都失效而导致冲顶，某些厂家在导轨架顶端设计安装了行程开关或接近开关来防止冲顶。该装置多用于带自动平层系统的升降机。对于建筑施工中广泛使用的施工升降机，常采用导轨架最高节（顶节）不安装齿条的措施来防止冲顶。

（4）安全装置联锁控制开关

当施工升降机出现不安全状态，触发安全装置动作后，能及时切断电源或控制电路，使电动机停止运转。该类电气安全开关主要有防坠安全器安全开关和防松开关两种。

1）安全器安全开关

防坠安全器动作时，设在安全器上的开关能立即将电动机的电路断开，制动器制动。

2）防松绳开关

施工升降机的对重钢丝绳绳数为两条时，钢丝绳组与吊笼连接的一端应设置张力均衡装置，并装有由相对伸长量控制的非自动复位型的防松绳开关（图 2-32）。当其中一条钢丝绳出现的相对伸长量超过允许值或断绳时，该开关将切断控制电路，同时制动器制动、使吊笼停止运行。

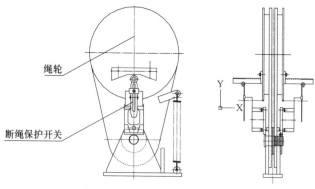

绳轮

断绳保护开关

图 2-32　防松绳开关

对重钢丝绳采用单根钢丝绳时，也应设置防松（断）绳开关，当施工升降机松绳或断绳时，该开关应立即切断电机控制电路、同时制动器制动，使吊笼停止运行。

3）门安全控制开关

施工升降机的各类门未关闭或关闭不严，电气安全开关将不能闭合，吊笼不能启动工作；吊笼运行中，一旦门被打开，吊笼的控制电路也将被切断，吊笼停止运行，施工升降机亦不能启动；而当施工升降机在运行中把门打开时，施工升降机吊笼会自动停止运行。安装有该类电气安全开关的门主要有：单开门、双开门、笼顶安全门、围栏门等。

4）错相断相保护器

电路应设有相序和断相保护器。当电路发生错相或断相时，保护器就能通过控制电路及时切断电动机电源，使施工升降机无法启动。

（5）机械联锁装置

施工升降机的地面防护围栏门、吊笼门均装有机械联锁装置。

1）围栏门机械联锁装置

围栏门应装有机械联锁装置，使吊笼仅在位于地面规定的位置时围栏门才能开启，且在门开启后吊笼不能启动。目的是防止在吊笼离开基础平台后，人员误入基础平台造成事故。

机械联锁装置的结构，如图 2-33 所示。由机械锁钩、压簧、销轴和支座组成。整个装置由支座安装在围栏门框上。当吊笼停靠在基础平台上时，吊笼上的开门挡板压着机械锁钩的尾部，机械锁钩会离开围栏门，此时围栏门才能打开；当吊笼运行离开基础平台时，机械锁在压簧的作用下，机械锁钩扣住围栏门，围栏门不能打开。

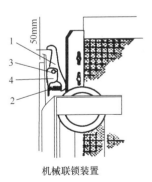

图 2-33　围栏门机械联锁装置

1—机械锁钩；2—压簧；3—销轴；4—支座

2）吊笼门的机械联锁装置

吊笼设有进料门和出料门，进出料门均设有机械联锁装置，当吊笼位于地面规定的位置和停层位置时，吊笼门才能开启。进出门完全关闭后，吊笼才能启动运行。

图2-34所示为吊笼进料门机械联锁装置，由门上的挡块、门框上的机械锁钩、压簧、销轴和支座组成。当吊笼下降到地面时，施工升降机围栏上的开门压板压着机械锁钩的尾部，同时机械锁钩离开门上的挡块，此时门可开启。当门关闭，吊笼离地后，吊笼门框上的机械锁钩在压簧的作用下嵌入门上的挡块缺口内，吊笼门被锁住。

图2-35所示为吊笼出料门的机械联锁装置构造，出料门关紧，机械联锁装置动作使吊笼在运行过程中出料门不被开启，到站后手动解锁方可开启出料门。

图2-34　单开门机械联锁　　　　图2-35　双开门机械联锁装置

（6）缓冲装置

缓冲装置安装在施工升降机底架上，用于吸收下降的吊笼或对重的动能，起到缓冲作用。施工升降机的缓冲装置主要采用弹簧缓冲器，如图2-36所示。

1）每个吊笼设2～3个缓冲器；对重设一个缓冲器。同一组缓冲器的顶面相对高度差不应超过2mm。

2）缓冲器中心与吊笼底梁或对重相应中心的偏移，不应超过20mm。

3）经常清理基础上的垃圾和杂物，防止堆在缓冲器上，使缓冲器失效。

4）应定期检查缓冲器的弹簧，发现锈蚀严重超标的要及时更换。

（7）安全钩

安全钩作用是防止吊笼脱离导轨架或防坠安全器主轴齿轮脱离齿条导致吊笼倾翻，如图2-37所示。

图2-36　缓冲装置

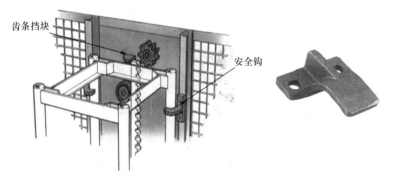

图2-37　安全钩

安全钩一般有整体浇铸和钢板加工两种。其结构分底板和钩体两部分，底板由螺栓固定在施工升降机吊笼的立柱上与立管面的距离不得大于5mm。安全钩必须成对设置，在吊笼立柱上一般安装上下两组安全钩，安装应牢固；上面一组安全钩的安装位置必须低于最下方的驱动齿轮；安全钩出现焊缝开裂、变形时，应及时更换。

（8）防脱挡块

为避免施工升降机在运行或吊笼下坠时，防坠安全器的齿轮与齿条啮合分离，施工升降机应采用齿条背轮和齿条挡块。齿条背轮失效后，齿条挡块即为最终的防护装置。

4. 电气系统

本节以某施工升降机生产公司的 SC200/200 施工升降机电气系统为例，阐明施工升降机电气系统的工作原理。

（1）结构和功能

升降机的电气系统主要包括主回路、控制回路等（图 2-38）。

1）主回路

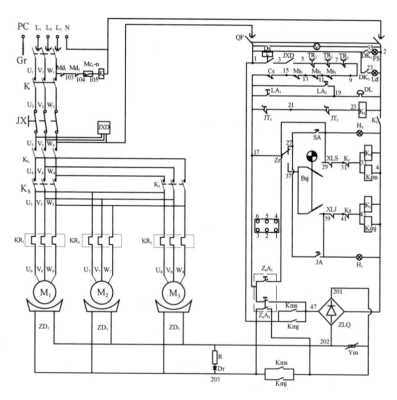

图 2-38　电气原理图

由电源进线，总开关（Gr）、极限开关（JX）、接触器（K、K_L、K_S、K_J）、热继电器（KR_1、KR_2、KR_3）、电动机（M_1、M_2、M_3）以及连接元器件的导线和电缆等组成该回路。主要元器件的作用分述如下：

① 电动机是执行元件，通过减速器、驱动齿轮与导轨架的齿条，拖动吊笼上升、下降或停止。直接并联运行的条件是同组电动机的转动方向必须相同、电气特性和机械特性也应一致。电动机的转速在主机出厂时已分组匹配好，确保同步。在维修保养时不可随便编组或更换电动机，否则会产生环流并导致负载不均、甚至损毁电动机。

② 电源总开关（Gr）：起隔离电源、分断短路电流等保护作用。

③ 联锁接触器（K）：受防护围护栏门和各停靠层防护门位置开关的控制，当所有安全防护门都关闭到位后，吊笼才能启动和运行。

④ 极限开关（JX）：与固定在导轨架上的上下极限碰块配合，防止吊笼超越限定范围、发生冲顶或撞底的严重事故，是必备的安全装置。平时应确保开关灵活有效、定位和配合的准确以及安装的稳固。

⑤ 急停接触器（K_L）：防止升、降接触器触头因频繁分断电流而烧毁，切不断电动机的电源时，按急停按钮，使 K_L 接触器动作，关停电动机，起到应急保险作用。

⑥ 升降接触器（K_S/K_J）：控制电动机的转向，以控制吊笼上升或下降，与控制按钮配合，起失压保护作用。升与降两接触器如同时接通，就形成相间短路，必须用常闭触头互相联锁。

⑦ 热继电器（KR_1/KR_2/KR_3）：当电动机线圈发热，热继电器发热元件的双金属片受热弯曲变形时，触动脱扣装置，切断控制回路的电源、接触器线圈失压、主回路分断，电动机停转。

2）控制回路

控制回路主要工作原理是控制限位、保护器和控制元件的通断，其主要元器件如下：

① 钥匙开关（Ds）：司机通过其操作司机室控制台。

② 断相与相序继电器（JXD）：防止电动机单相运行过热烧毁；保证吊笼的正常运行。升、降控制按钮，上、下限位开关协调一致。

③ 热继电器（TR）：常闭触点动作后，切断接触器线圈电源，使电动机制停，有两种复位方式：自行复位和手动复位，该机选择自行复位。

④ 吊笼门的电气联锁（Ms）：确保吊笼启动时，笼门必须关闭好，防止吊笼在运行中，因吊笼门未关闭好而导致人员及物料从高处掉落，酿成重大事故。

⑤ 限速器微动开关（Cs）：当限速器动作时，马上关停电动机，避免驱动齿轮继续推动吊笼运行；同时关断电磁制动器的松闸线圈电源，使制动器与安全器同步将吊笼制停。

⑥ 急停按钮（JT）：是既醒目又很容易按压到的非自行复位的特殊按钮。在紧急情况下，起到切断急停接触器线圈回路，关停电动机的作用。应在故障排除后，再动手复位。

⑦ 吊笼顶控制盒主令开关（Zr）：当安装或检修人员在吊笼顶安装维修时，应优先将司机室控制改为吊笼顶控制，避免发生失误。

⑧ 升降机拨动开关（Bsj）及控制按钮（SA、JA）：除控制吊笼升、降与停止外，还可与升降接触器线圈回路构成失压保护环节。

⑨ 防松绳开关（MC_1-n）：防止带对重系统的升降机在钢丝绳松或断裂时于失去对重平衡作用的状态下继续运行导致事故发生。

⑩ 坠落试验按钮（ZsA_1、ZsA_2）：用来进行吊笼坠落试验，其中按下 ZsA_2 后吊笼坠落；试验结束后按 ZsA_1，吊笼上升使安全器复位。

3）信息线路

信号装置往往与控制线路连接在一起，如指示灯、电铃、电压表等，线路通常较简明、直观。

（2）施工升降机电气工作原理说明

施工升降机的驱动电机是三台同规格、同性能参数的异步电动机，其为自带刹车线圈的三相11kW异步电动机，其要求三台电动机同时起停并共同承担载荷。电气线路中设有短路、漏电、过载、错断相保护等保护装置，下面简要介绍一下电气线路的工作原理：

1）电源的送电过程

当人、货进入吊笼后，关上围栏门，接通吊笼进料门安全开关 Md_1，总接触器 K 线圈通电吸合，接通主回路电源（U_2，V_2，W_2通电）；合上空气开关（QF）控制电路后通电。

2）施工升降机动作前的准备工作

接通钥匙开关（Ds），检查断相与相序继电器（JXD）电源相序是否正确、有无缺相，检查所有限位开关是否正常（9～17电路之间触点全部接通）。将急停按钮回位接通17～23电路，使得总启动接触器（K_L）通电吸合，机顶箱的转换开关（Zr）转至司机室操作位置，至此1～37电路之间接通（图2-38）。

3）施工升降机的上升过程

扳动升降机拨动开关（Bsj）至上升指示方向，接通37～29电路，使上升接触器 K_S 通电吸合，并接通1～47电路，使桥式整流器 ZLQ 通电交流变直流后，送电到刹车线圈 ZD_1～ZD_3，松开刹车，吊笼上升运行（此时不能松开拨动开关）。

需停止吊笼运行时，只要松开拨动开关（Bsj），使其回位，切断37～29电路，接触器 K_S 断电切断电机电路，并且刹车线圈断电抱闸，则吊笼停止运行。打开吊笼出料门时如触发出料门安全开关，会切断11～13电路，接触器 K_L 断电，切断控制回路电源，使吊笼无法运行。

若上升到上限位时触发上限位开关 XLS 则会切断29～31电

路，使接触器 K_S 断电也可以停止吊笼，但在正常使用情况下，不允许用上下限位开关作为上下层的自动平层动作。

对于异常情况，如果吊笼上升或下降超过上下限位开关后还不能有效断电制停时，升降机还设计有极限开关 JX 作为最后保护，碰块触发极限开关 JX 会直接切断主电路和控制线路的所有电源，制停吊笼。

4）施工升降机下降过程

其基本原理同上升过程。

（3）线路的检查与维修

线路的检查与维修必须由专业的电气技术人员管理，并应备有必要的工具和检测仪表。

1）阅读产品电气原理图，掌握线路原理，熟悉电气设备的结构和功能。应特别注意线路的电压：主回路电源是三相交流 380V、控制回路是单相交流 220V、电磁制动器松闸线圈是直流 195V。

不同回路的接点不许直接相连，单数号的接点不可与双数号的接点直接相连；否则会发生短路或意外事故。

2）除有明显迹象可直接判断和排除故障外，通常应先查电源、控制线路，再查主回路。具体有带电与不带电两种检查方法。带电检查用物理方式模拟开关的通断；不带电时用万用表低阻挡测量线路的通断。必要时也可用电压挡带电检查。

3）检查供电电源。接通总开关 Gr、极限开关 JX，上电箱断相与相序保护器 JXD 的指示灯亮表明电源无缺相、相序正常；不亮则急停接触器 K_L 吸合，表明 JXD 指示灯坏；不亮、不吸，但调相后正常，表明原先的相序错误；用电压挡测量三相电压，判断是否缺（断）相。

4）带电查控制线路。接通空开 QF 和钥匙开关 Ds。如急停接触器 K_L 吸合，表明控制电源正常，相序与缺相保护、热继电器、安全器、吊笼门联锁也正常；否则，应先查控制电源。如电压正常，可用一根绝缘导线，一端触接点 1，另一端依序触接点

23、21、17、15、13、11、9、7、5、3 等单数点（不许触双数点）。当触 23 点时，如 K_L 不动作，故障在 K_L 线圈。如 K_L 在个别点不吸合，则故障为吸合点与不吸合点之间的器件。

5）带电检查 K_L 以下的控制线路，应先隔断电动机的电源，例如按下急停按钮 JT，使急停接触器 K_L 无法接通。之后用绝缘导线将 2～4 两点短接；用另一条绝缘导线，一端触接点 1，另一端依序触接点 33、31、29、27（但不要触接点 23、或 21，以免接通 K_L），从上升接触器 K_S 的动作判断故障器件；用触接点 43、41、39，从下降接触 K_J 的动作，判断故障的元器件。

6）对于元器件的故障诊断，例如用行程开关作为围栏门、吊笼门的联锁开关，上、下限位开关，以至上、下极限开关时，可用手模拟碰块的动作，观察线路的反应，判断联锁的灵活性，及其动作后能否自动复位等。

7）主回路一般先进行不通电流的检查，在认定通电检查不会造成短路或事故，并做好发生事故的应对措施的情况下，才能进行通电流检查。

5. 施工升降机的调整调试

（1）侧滚轮的调整

应成对调整导轨架立柱管两侧的对应导向滚轮，转动滚轮的偏心轴使侧滚轮与导轨架立柱管之间的间隙为 0.5mm 左右，调整合适后用规定力矩将滚轮轴定位螺栓紧固，如图 2-39 所示。

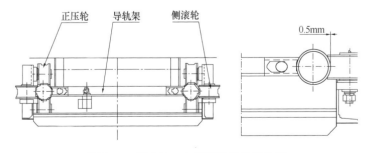

图 2-39　侧滚轮、上下滚轮调整示意图

（2）上下滚轮的调整

在导轨架与安全钩之间塞进某物件（如大号螺丝刀），将吊笼固定在导轨架上，并使上滚轮脱离轨道，调整上双滚轮的偏心轴套，使滚轮与导轨的间隙适当，再锁定位螺栓。

用垫高吊笼外侧的方法使下滚轮脱离轨道，调整下双滚轮偏心轴套，调整后用标准力矩将螺栓紧固。

上下滚轮应均匀受力，使驱动板上的减速器齿轮和安全器齿轮同齿条啮合时接触长度沿齿长方向不小于50%。

（3）背轮的调整

在驱动板背后的安全钩板和齿条背间插一把大号螺丝刀，使背轮与齿条背脱离，转动背轮偏心套调整间隙，使驱动齿轮与齿条的啮合侧隙为0.3~0.5mm，啮合接触长度沿齿高方向不小于40%，调整后用规定力矩将背轮轴定位螺栓紧固。

注意：背轮轴、滚轮轴的定位螺栓不允许用普通螺栓代替。

（4）滚轮（图2-40）磨损极限的测量方法

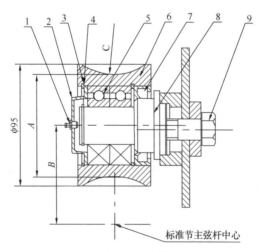

图2-40　滚轮

1—油杯；2—端盖；3—孔用挡圈；4—轴用挡圈；
5—轴承；6—滚轮；7—油封；8—滚轮轴；9—螺栓

滚轮磨损可用游标卡尺测量，磨损极限见表2-8。

滚轮的磨损极限　　　　　　　　　　表 2-8

测量尺寸	新滚轮（mm）	磨损的滚轮（mm）
A	$\phi74$	最小 $\phi72$
B	75 ± 3	最小 72
C	$R40$	最大 $R42$

（5）驱动齿轮和安全器齿轮的磨损极限（图2-41）

测量方法：跨测2齿，用游标卡尺测量，磨损极限见表2-9。

驱动齿轮和安全器齿轮的磨损极限　　　　表 2-9

名称	L
新齿轮	37.1mm
最大磨损后的齿轮	35.8mm

（6）齿条的磨损极限（图2-42）

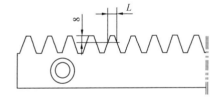

图 2-41　齿轮磨损极限　　　　图 2-42　齿条磨损极限

测量方法：用齿厚游标卡尺测量，磨损极限见表2-10。

齿条的磨损极限　　　　　　　　　表 2-10

名称	L
新齿条	12.6mm
最大磨损后的齿条	11.6mm

（7）背轮的磨损极限

测量方法：用游标卡尺测量，磨损极限见表2-11。

背轮的磨损极限	表 2-11
新背轮外圈	$\phi124$mm
最大磨损后的背轮外圈	$\phi120$mm

（8）减速器蜗轮的最大磨损极限（图 2-43）

测量方法：通过减速器上的检查孔用塞尺测量。允许的最大磨损量为 $L=1$mm。

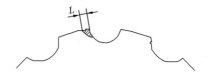

图 2-43　蜗轮的磨损极限

（9）电动机旋转制动盘的磨损极限（图 2-44）

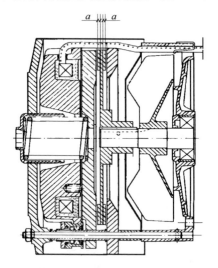

图 2-44　制动盘的磨损极限

测量方法：用塞尺测量。

当旋转制动盘摩擦材料单面厚度 a 磨损到接近 1mm 时，必须更换制动盘。

（10）制动器制动距离的调整

吊笼满载下降时制动距离不应超过 300mm，超过则表明电机制动力矩不足，应调整电机尾部的制动弹簧。

（11）吊笼坠落试验

凡新安装的升降机均应进行吊笼额定载荷的坠落试验，以后至少每三个月进行一次。

坠落试验时，吊笼内不得载人，确认升降机各个部件无故障后方可按下列步骤进行：

1）切断电源，将地面控制按钮盒的电线接入上电箱，理顺电缆，防止吊笼升降时卡断电缆。

在吊笼内装好额定载重 2000kg 后接通主开关，在地面操作按钮盒，使吊笼上升约 10m 后停止。

2）按下"坠落"按钮并保持，此时电机制动器松脱不起作用，吊笼呈自由下落状态，达到安全器动作速度时，吊笼将平稳地制停在导轨架上。

注意：如果吊笼底部距地面 4m 左右时，吊笼仍未被安全器制停，此时应立即松开"坠落"按钮，使电机恢复制动，以防吊笼撞底。

3）试启动吊笼，向上不应动作，因此时安全器微动开关已将控制电路切断，如仍能动作，则应重新调整微动开关。

4）安全器的复位（图 2-45）

坠落试验后，应对防坠安全器进行复位。复位时按以下步骤进行：

① 旋出螺钉，拿掉罩盖，取下螺钉。

② 用专用工具和摇杆，旋出螺母，直到销的尾部和壳体端面平齐。

③ 安装螺钉和罩盖，取下罩盖，用手尽可能拧紧螺栓，然后用工具将螺栓拧紧30°，装好罩盖。

④ 接通主电源后，必须向上开动吊笼 200mm 以上，以便使离心甩块与摩擦鼓脱离。

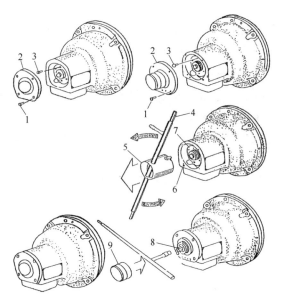

图 2-45　安全器的复位

1—罩盖螺钉；2、9—罩盖；3—螺钉；4—手柄；

5—复位专用工具；6—销；7—螺母；8—螺栓

（三）钢丝绳式施工升降机

钢丝绳式施工升降机指的是采用钢丝绳提升的施工升降机。其为由设置在地面上的曳引机（卷扬机）工作使提升钢丝绳绕过导轨架顶上的导向滑轮，带动吊笼运载人员或货物沿导轨架做上下运输的施工升降机。其结构简单，造价低廉，是建筑工地广泛应用的一种垂直运输设备。

我国目前钢丝绳式施工升降机可分为："钢丝绳式人货两用施工升降机"和"钢丝绳式货用施工升降机"两种。

钢丝绳式人货两用施工升降机（图2-46），用曳引机（卷扬机）传动，双吊笼、带对重、有司机室。特点：传动平稳、冲击小、能耗低、效率高、易损件少等；每个吊笼均设有具备防坠、限速双重功能的防坠安全装置，当吊笼超速下行或其悬挂装置断裂时，该装置能将吊笼制停并保持静止状态。钢丝绳式人货两用施工升降机按主机不同分为卷扬式和曳引式两种，其中曳引式较为多见；曳引式按钢丝绳穿绕方式不同又分为开式和闭式。

钢丝绳式货用施工升降机（图 2-47），用曳引机（卷扬机）传动，分单/双吊笼、单柱/双柱（图 2-48）。其特点：结构简单、能耗低、效率高、易损件少等；设有停层装置和断绳保护装置，当吊笼到达目标层站后，停层装置工作可使吊笼安全停靠、卸载物料至出料门关闭；当吊笼提升钢丝绳松绳或断裂时，断绳保护装置能制停带有额定载重量的吊笼，且不造成结构严重损害，使用过程中禁止乘载人员。钢丝绳式货用施工升降机按吊笼与机架的安装位置关系分为内吊笼式（图 2-49）和外吊笼式；按驱动方式分为卷扬式和曳引式；曳引式按绕绳方式分为开式和闭式；按标准节的结构形式分为整体式和拼装式；按吊笼数目分为

图 2-46 钢丝绳式人货
两用施工升降机

图 2-47 钢丝绳式货用
施工升降机

图 2-48　双柱钢丝绳式　　　　图 2-49　内吊笼式钢丝
施工升降机　　　　　　　绳式施工升降机

单笼和双笼；按机架高度分为底架和高架。

1. 基本结构和工作原理

（1）基本结构

钢丝绳式施工升降机由金属结构、传动机构、安全装置、控制系统组成。其主要机械构件有：基础节、标准节、附着装置、顶架、吊笼、对重、地上防护围栏、传动系统、电气系统、安装系统、安全装置等（图 2-50）。

（2）工作原理

钢丝绳式施工升降机按主机不同分为卷扬式和曳引式两种，其中曳引式较为多见；曳引式按钢丝绳穿绕不同又分为开式和闭式两种。钢丝绳在吊笼、对重、曳引机三者间形成闭环称为闭式，否则为开式。下面介绍两种不同形式的曳引式施工升降机的工作原理。

1）闭式钢丝绳式施工升降机：悬挂钢丝绳一端系于吊笼顶

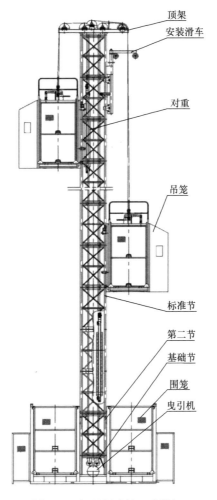

图 2-50　钢丝绳式施工升降机

部，中间穿过顶滑轮，另一端与对重相连；曳引钢丝绳一端系于吊笼侧面，中间穿过导向轮、张紧轮，再绕过曳引轮，另一端连于对重底部。曳引绳设有张紧装置，用来确保曳引绳时刻处于张紧状态，以保证曳引轮对曳引绳有足够的曳引力。当曳引轮顺时针转动时，通过曳引绳牵引对重向下运动，对重又通过悬挂绳牵引吊笼向上运动，吊笼上升；曳引轮反转时，通过曳引绳牵引吊笼向下运动，吊笼下降，吊笼又通过悬挂绳牵引对重向上运动（图 2-51）。

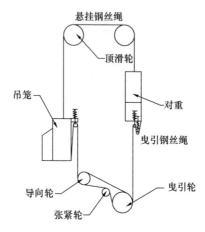

图 2-51　闭式钢丝绳穿绕示意图

2）开式钢丝绳式施工升降机：钢丝绳一端系于吊笼顶部，中间穿过顶滑轮，向下绕过曳引轮，再向上绕过顶滑轮，另一端与对重相连；当曳引轮顺时针转动时，通过钢丝绳牵引对重向上运动，吊笼下降；曳引轮反转时，通过曳引绳牵引吊笼向上运动，吊笼上升（图 2-52）。

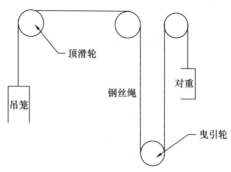

图 2-52　开式钢丝绳穿绕示意图

2. 主要零部件

钢丝绳式施工升降机主要零部件包括：导轨架、传动装置、吊笼、防护围栏、附着装置、顶架、对重系统、安装系统、电气系统、安全装置等。下面以某厂生产的钢丝绳式施工升降机为例进行介绍。

（1）导轨架

导轨架安装和使用时，其轴心线与底座水平基准面的垂直度偏差值不应大于导轨架高度的 1.5‰；标准节在拼装的过程中需注意相邻标准的立柱结合面应平直，相互错位阶差应控制在 1.5mm 以内；标准节截面内，两对角线长度的偏差不应大于最大边长的 3‰；当立管壁厚减少至出厂前厚度的 25% 时，应给予报废处理或壁厚降级使用。

1）基础节

基础节（图 2-53）为焊接件，通过地脚螺栓与升降机基础相连，可承受升降机传递的全部载荷；其上装有两台曳引机、安装卷筒以及压紧轮等。

2）标准节

为保证导轨架强度，标准节采用焊

图 2-53 基础节示意图

接；标准节与基础节以及标准节之间通过 4 根高强度螺栓相连，四根立柱采用无缝钢管或方管，立柱也是吊笼上下运行的轨道；对重导轨采用∟ 40×4 角钢，是对重上下运行的轨道；常见标准节截面尺寸（立柱中心距离）为 800mm×800mm，如图 2-54 所示。

（2）驱动装置

钢丝绳式施工升降机驱动机构一般采用卷扬机或曳引机通过钢丝绳和绳轮组带动吊笼做上下运输工作。人货两用施工升降机通常采用曳引机传动，其提升速度不大于 0.63m/s，也可采用卷

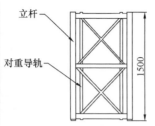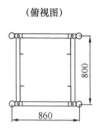

立杆

对重导轨

1500

（俯视图）

800

860

图 2-54　标准节示意图

扬机传动；货用施工升降机通常采用卷扬机传动。

1）卷扬传动

卷扬传动由卷扬机与绳轮组组成。卷扬机工作使提升钢丝绳绕过导轨架顶上的导向滑轮，带动吊笼运载货物沿导轨架运行。卷扬传动仅可用于无对重施工升降机的货用施工升降机和吊笼额定提升速度不大于 0.63m/s 的人货两用施工升降机。

卷扬机（图 2-55）具有结构简单、成本低廉的特点。但与曳引机相比，很难实现多根钢丝绳独立牵引，且容易发生乱绳、脱绳和挤压等现象，其安全可靠性较低，因此多用于货用施工升降机。

2）曳引传动

曳引传动由曳引机与绳轮组组成。曳引机工作时使提升钢丝绳绕过导轨架顶上的导向滑轮，带动吊笼运载人员或货物沿导轨架运行。提升钢丝绳与曳引轮槽之间应有足够的摩擦力；当吊笼和对重停止在其缓冲器上时，提升钢丝绳不应松弛；当吊笼超载 25% 并以额定提升速度上、下运行和制动时，钢丝绳在曳引轮绳槽内不应产生滑动。

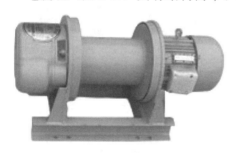

图 2-55　卷扬机

曳引机主要由电动机、联轴器、制动器、曳引轮、机架等组成（图 2-56）。为减少曳引机在运动时的噪声并提高平稳性，一般采用蜗杆副作减速传动装置。

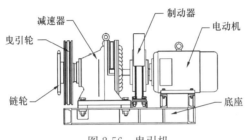

图 2-56　曳引机

① 联轴器

联轴器（图 2-57）由制动轮、联轴器芯、尼龙棒、盖板等组成。

② 曳引轮

曳引轮（图2-58）由曳引轮外壳、曳引轮芯组成；曳引轮

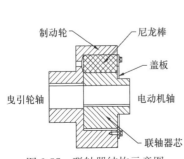

图 2-57　联轴器结构示意图

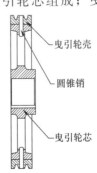

图 2-58　曳引轮结构示意图

外壳有多个绳槽,为增加摩擦力,绳槽常制成 V 形,且表面具有较高硬度,一般用铸钢件;曳引轮芯为铸铁件。

3)提升钢丝绳

提升钢丝绳用于带动吊笼和对重在导轨架做上下运行工作;钢丝绳应符合相关标准要求且钢丝绳末端固定应可靠,在保留 3 圈的状态下,应能承受 1.25 倍的钢丝绳额定拉力。

(3)吊笼

吊笼(图 2-59)由型材、钣金件等焊接而成,由笼架、前后门、天窗、驾驶室、上护栏等组成;其上装有导轮、防坠器、限载装置等。钢丝绳式货用施工升降机吊笼安装高度小于 50m 时,侧面围护可以不封到顶,但立面高度不应低于 1.5m。

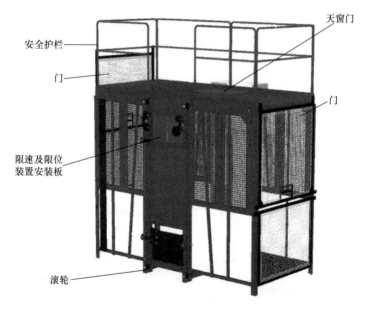

安全护栏

门

限速及限位
装置安装板

滚轮

天窗门

门

图 2-59 货用吊笼示意图

(4)地上防护围栏

地上防护围栏(图 2-60)可将吊笼、对重升降全部包围起来,在地面上形成高度不小于 1.8m 的封闭区域,防止使用时人

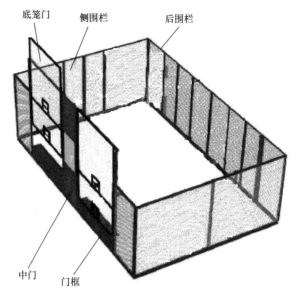

图 2-60　地上防护围栏

或物料进入，保证安全工作。钢丝绳式货用施工升降机应有高度不小于 1.5m 的封闭区域，登机门的开启高度不应小于 1.8m。

地上防护围栏由型钢、钣金件及钢板网焊接而成围栏片，连同围栏门、外电箱架和前围栏支撑组成。

（5）附着装置

为保证导轨架的稳定性，应每隔一定高度（根据厂家说明书要求）使用附墙架将标准节锚固在建筑物上（图 2-61）。附墙架包括活动架、抱箍、固定架、附墙梁、调节螺杆、活节螺栓等。当钢丝绳式货用施工升降机的高度不超过 30m 时，允许用缆风绳（图 2-62、表 2-12）替代附墙架来稳固架体。

缆风绳要求　　　　　　　　　　　表 2-12

提升高度	组数	直径
$H \leqslant 20m$	$\geqslant 1$	$\phi \geqslant 9.3mm$
$20m < H < 30m$	$\geqslant 2$	$\phi \geqslant 9.3mm$

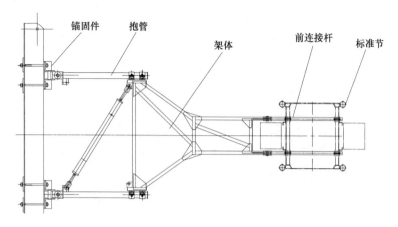

图 2-61　附着装置

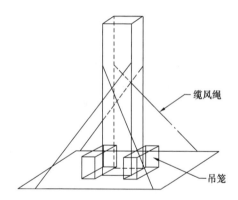

图 2-62　缆风绳安装

（6）顶架

顶架（图 2-63）由型材焊接而成，其上装有顶滑轮组、限速器、避雷针等，装于导轨架顶端用于承受吊笼和对重载荷及运行导向作用。

（7）对重系统

对重系统（图 2-64）由对重架、对重块、导轮、缓冲弹簧等组成。对重重量应比吊笼空笼重量大，以减小电机功率，节能

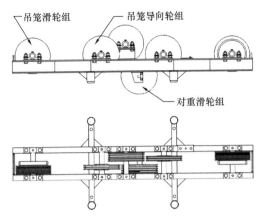

图 2-63 顶架

降耗；对重质量大于吊笼时，应设置具有双向限速功能的限速器，即无论吊笼向上还是向下超速，限速器均应能将吊笼安全制停。对重架上设有两个防断绳插销，在四根钢丝绳同时断裂时将对重挂在标准节上；为使钢丝绳受力均衡，对重架上方设有两个扁担。为安拆方便，对重块分成 N 块；对重导轮为钢轮，对重导轨需涂润滑脂，使运行更顺畅。

（8）安装系统

安装系统由安装滑车架、滑块、销轴和安装吊杆

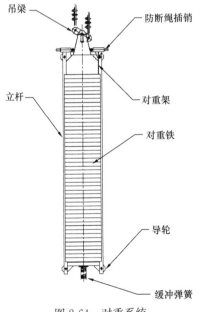

图 2-64 对重系统

组成。安装滑车架通过滑块与标准节立柱相连，并可上下滑动。销轴用来将滑车架固定在标准节的横杆上。安装滑车（图 2-65）

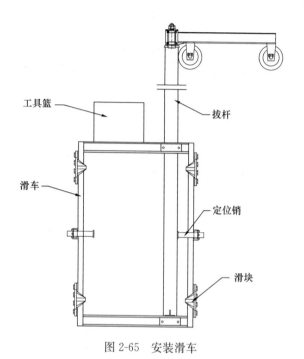

图 2-65　安装滑车

上有工具箱，用来放置安装工具和少量的螺栓。

3. 安全防护装置

钢丝绳式施工升降机安全防护装置包括：防坠安全装置、限速器、限载装置、行程限位开关、电气联锁开关（前后笼门、天窗及围栏门）、机械联锁装置（吊笼门及围栏门）等。

（1）防坠安全装置

1）渐进式防坠安全器

SS 型人货两用施工升降机，其吊笼额定提升速度大于 0.63m/s 时，应采用渐进式防坠安全器；当对重额定起升速度大于 1m/s 时，应采用渐进式防坠安全器；对于 SS 型货用施工升降机，其吊笼额定提升速度大于 0.85m/s 时，应采用渐进式防坠安全器。

2）瞬时式防坠安全装置

① 瞬时式防坠安全装置使用条件

SS 型人货两用施工升降机，每个吊笼应设置兼有断绳保护装置和限速双重功能的防坠安全装置；SS 型货用施工升降机，每个吊笼均应设置兼有断绳保护装置和停层防坠落装置两部分组成的防坠安全装置。

对于 SS 型人货两用施工升降机，其吊笼额定提升速度小于或等于 0.63m/s 时，可采用瞬时式防坠安全装置；当对重额定起升速度小于或等于 1m/s 时，可采用瞬时式防坠安全装置；对于 SS 型货用施工升降机，其吊笼额定提升速度小于或等于 0.85m/s 时，可采用瞬时式防坠安全装置。

② SS 型人货两用施工升降机瞬时式防坠安全装置

瞬时式防坠安全装置包括限速装置和防断绳装置两大部分；每个吊笼设有一个测速器和左右两个安全钳。限速装置安装在底架上，安全钳安装在吊笼上。当顶架上的限速器发生故障、限速失效或钢丝绳全部断裂造成吊笼下落速度达到限速器动作对应速度时，安装在标准节下部的限速器会将限速轮上的钢丝绳卡死，钢丝绳带动吊笼上的连杆机构抬起，安全钳的拉绳、安全钳动作并夹住标准节使吊笼制停在架体上。当钢丝绳全部发生断绳坠落时，连接吊笼顶部的吊架上的弹簧发生作用将连杆压到底，拉动防坠器上的拉绳，防坠器动作，安全钳夹住标准节的立柱，将吊笼制停在架体上。

A. 限速装置

限速装置是钢丝绳式施工升降机重要的安全防护装置 (图 2-66) 由限速轮（天滑轮）、限速器组成；升降机正常运行时，牵引悬挂吊笼的钢丝绳以正常速度运行，并带动顶架上的限速轮转动，装在限速轮上的大齿轮带动与之啮合的限速器小齿轮轴转动。安装在齿轮轴上的离心块在离心力的作用下，克服弹簧拉力，一边转动，一边向外张开。当吊笼由于某种原因（如：制动器失灵、减速器断轴、严重超载等）造成超速下降或上升时，离心块继续向外张开，并卡在测速器外壳的凸缘处，使得限速器

93

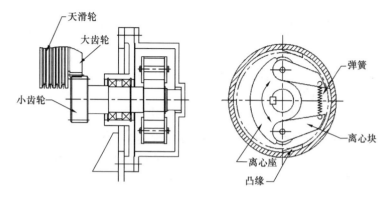

图 2-66　限速器

的齿轮轴停止转动，限速轮也随之停止。此时，钢丝绳与天滑轮之间由原来的滚动摩擦转变为滑动摩擦，摩擦力因而增大，使其逐渐减速，也就降低了吊笼的速度。由于限速器设置了两块对称的离心块，所以无论吊笼向上还是向下超速，防坠器均可限制吊笼的速度。

B. 安全钳

安全钳由支座、楔块、滑槽组成；安全钳的支座与楔块之间存在一个空间，该空间包容了导轨架的立柱，并留有 3mm 左右间隙（该间隙由装在支座上的导轮调整），确保正常情况下楔块机构跟随吊笼沿导轨上下运动。楔块可在滑槽里上下移动，由于滑槽与垂直方向有一个角度，楔块上升时，楔块会向立柱方向移动，支座与楔块之间的空间减小，直至楔块机构（图 2-67）与立柱接触。

防坠原理：当一根或多根牵引悬挂钢丝绳断裂时，在弹簧的作用下，拉杆向下运动并推动连杆转动，带动限位开关切断电源，同时连杆拉动拉线提升楔块机构的楔块，使楔块接触立柱，在立柱的带动下，楔块继续向上、向内移动，紧紧地卡住立柱；整个楔块机构也被卡在立柱上，吊笼停止向下坠落。

3）SS 型货用施工升降机瞬时式防坠安全装置

图 2-67　楔块机构

　　瞬时式防坠安全装置包括防断绳装置和停层防坠装置两大部分。

　　(2) 防断绳装置 (图 2-68)

图 2-68　防断绳装置

SS 型货用施工升降机断绳保护装置安装于吊笼上，其结构形式各不相同，但基本上都是钩、闩一类瞬时式防坠安全器。要在断绳时完全吸收满载吊笼产生的冲击能量，使吊笼挂停于机架上是相当困难的（特别是没有副绳的情况下）。所以说，虽有断绳保护装置，但其可靠性不足；故钢丝绳式货用施工升降机在任何时候均不可载人运行。

（3）停层装置（图 2-69）

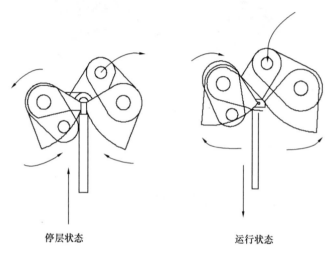

停层状态　　　　　　　　　　运行状态

图 2-69　停层装置

钢丝绳式货用施工升降机停层保护装置安装于吊笼上，其结构形式多种多样。当吊笼运行到位时，停靠装置应能将吊笼制停在导轨架上；该装置应能可靠地承担吊笼自重、额定载荷及运料人员和装卸物料时的工作载荷；在装卸完物料后，装卸人员应关好吊笼门，同时也使安全停靠装置退出工作状态。

（4）限载装置

施工升降机必须设置超载保护装置，钢丝绳式和齿轮齿条式施工升降机在载荷达到 110％前应终止吊笼启动。齿轮齿条式施工升降机还要求在载荷达到 90％时给出清晰的报警信号。

起重限制器（图 2-70）是将"测力传感器"安装在吊笼顶上的吊架中的装置。其工作原理：把重物重量由电阻应变式传感器检测后，将实物重量线性化转换成模拟量电信号，送到放大器放大，然后进行 A/D 转换成数字量，转入单片机经处理送到数字显示屏显示。与此同时单片机将测出的重量与额定载荷进行比较。当发现重物重量达到额定载荷时，限制器报警声会提醒操作人员注意，最后当达到超载报警点时，除发出连续报警声外，限制器内继电器会切断电源或延时 3 秒后切断电源，达到限载保护作用。

图 2-70　起重限制器

（5）行程限位开关（图 2-71）

每个吊笼均装有下限位碰块和下极限碰块；每个对重上均装

图 2-71　行程限位开关

有上限位碰块和上极限碰块，在标准节上装有两个吊笼的上下限位开关、上下极限开关，当吊笼下行至下限位位置时，下限位碰块碰到下限位开关，切断控制回路的下行线路，吊笼减速至停止。此时，可以控制吊笼上升但不能控制吊笼下降。当吊笼上行至上限位位置时，上限位碰块碰到上限位开关，切断控制回路的上行线路，吊笼减速至停止。此时，可以控制吊笼下降但不能控制吊笼上升。当上下限位开关不起作用时，吊笼越过上下限位开关，并碰到上下极限开关，切断总电源使吊笼立即停止运行。极限开关必须使用非自动复位型。

（6）进出料门限位开关、天窗限位开关、围栏门限位开关（图 2-72）

天窗、维护限位开关　　　　　　　进、出料门限位开关

图 2-72　联锁开关

每个吊笼均装有进料门限位开关、出料门限位开关，天窗限位开关、围栏门限位开关。当这些门或天窗打开时，相应的限位开关将断开控制回路，使吊笼无法运行。

（7）吊笼门机械联锁装置、围栏门机械联锁装置（图 2-73）

每个吊笼门均设有机械锁钩，以保证吊笼在运行时不会自动打开。每个围栏门也应设有机械锁钩，保证只有在吊笼位于地面时，围栏门才能被打开。

图 2-73 围栏门、进料门、出料门机械联锁装置

4. 电气系统

本节以某施工升降机生产公司的 SS150/150 施工升降机电气系统为例，阐述施工升降机电气系统的工作原理。

（1）变频调速原理

变频器的功用是将频率固定（通常为工频 50Hz）的三相交流电变换成频率连续可调（多数为 0~400Hz）的三相交流电源。如图 2-74 所示，变频器的输入端（R、S、T）接至频率固定的三相交流电源，输出端（U、V、W）输出的是频率在一定范围内连续可调的三相交流电并接至电动机（图 2-74）。

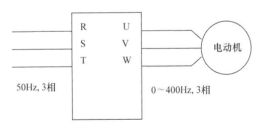

图 2-74 变频调速原理

电动机的同步转速见式（2-2）：

$$n_0 = 60f/P \tag{2-2}$$

式中 f——电流频率；

P——极数。

由上式可知，当频率 f 连续可调，电动机的同步转速 n_0 也

可调。又因为异步电动机的转子转速 n_M 总是比同步转速 n_0 略低一些，所以，当 n_0 连续可调时，n_M 也连续可调。

（2）电气原理图（图 2-75）

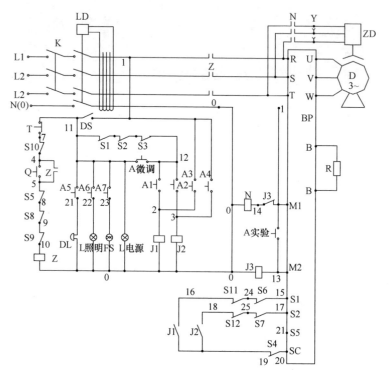

图 2-75　电气原理图

（3）电源送电过程

合上开关箱里面的空气开关 K 和漏电保护器 LD，旋转电锁开关，DS 接通，电源指示灯亮起，旋转急停按钮 T，使其处于接通状态，按下启动按钮 Q，总电源接触器 Z 的线圈通电，三相电源接通。当人、货进入吊笼后，关上围栏门，围栏门联锁开关 S4 接通。

（4）升降操作

关上吊笼前后门，进出料限位开关 S1、S2 接通，关上天窗，联锁开关 S3 接通，按住上升按钮 A1，上升继电器 J1 通电吸合。此时，变频器的控制端 S1 与 SC 接通，变频器开始输出，当频率达到设定值时（一般为 3～5Hz）时，变频器端点 M1、M2 接通，继电器 J3 通电吸合，接触器 N 的线圈通电，接触器 N 吸合，制动器 ZD 的线圈通电，制动器打开，制动解除。此时变频器输出频率逐渐上升，电动机转速逐步从零增加到设定运行频率（一般设为 50Hz），吊笼也相应从零速逐步加速至额定速度。加速过程可设定（由专业人员设定），一般加速过程设定在 1～2 秒之间。当吊笼快要到达需要的楼层时（一般提前 1m 左右），放开按钮开关 A1，上升继电器 J1 断电释放。此时，变频器的控制端 S1 与 SC 断开，变频器输出频率开始逐渐降低，当频率降到设定值时（一般为 3～5Hz）时，变频器端点 M1、M2 断开，继电器 J3 断电释放，接触器 N 的线圈断电，接触器 N 断开，制动器 ZD 的线圈断电，制动器开始抱闸制动。此时变频器输出频率继续降低到零，吊笼也相应从额定速度逐步减速至停止。

当吊笼上升达到限定位置时，对重将碰到上限位开关 S6，吊笼将减速至停止。如 S6 不起作用，吊笼继续上升，对重继续下降并碰到上极限开关 S8，则 S8 断开，总电源接触器 Z 因其线圈断电而断开，变频器失电，电机停电，制动器立即抱闸制动，吊笼立即停止上升。由此可知，当控制按钮或安全开关切断的是变频器升降控制回路时，为减速停止；当控制按钮或安全开关切断的是总电源接触器，即总电源时，为立即停止。从电路原理图上可以看出，上下限位开关 S6、S7，限速开关 S11、S12，围栏门联锁开关 S4，吊笼门天窗联锁开关 S1、S2、S3 等切断的是变频器升降控制回路时，为减速停止；而断绳开关 S10，超载限速开关 S5，上下极限开关 S8、S9 等切断的是总电源接触器，即总电源，为立即停止。下降操作与上升相同，其中下降按钮为 A2，下降控制继电器为 J2，下限位开关 S7，下极限开关 S9。

（5）微调按钮使用说明

由于钢丝绳具有较大的伸缩性，当升降机安装高度较高，吊笼同时装载两部以上斗车，且载重量较大时，如吊笼停在目的楼层开始卸料，在第一或第二部斗车推出吊笼后，吊笼可能会向上移动 10cm 左右（由于钢丝绳收缩）。为了继续卸料或装料方便，吊笼必须调整到与楼层对齐，而此时出料门已打开，升降机无法开动，再去关门非常不便，因而设置了微调按钮。此时按住微调按钮不放，点上升或下降按钮，吊笼即可微微上升或下降。

注意：微调按钮不可用作正常操作。

（6）安装拆卸时的电路

安装拆卸时，所有没有连接的安全开关（除 S8、S9 以外）均需短接，并用一根 5 芯控制电缆，从开关箱的 8、9、1、2、3 端点引出，接到安装控制盒。安装按钮盒有一个通断钮子和 2 个按钮，8、9 接通断钮子，1 接到两个升降按钮的公共端、2 接到上升按钮，3 接到下降按钮，20 与 21 点（即 S5 与 SC）用一根电线短接（短接后为低速安装状态）。

（7）限速试验时的电路

从 1、13 点引出一根电缆线，接到试验按钮上；按下按钮制动器打开，放开按钮制动器抱闸。

5. 检查与调整、调试

钢丝绳式施工升降机安装结束后，应对升降机进行调整、检测和试验，合格后方可投入使用。

（1）检查与调整

1）检查各部分润滑情况，标准节立柱应涂刷黄油，如果吊笼导轮采用的是尼龙材料，则标准节立柱不应涂刷黄油。

2）检查升降机整机部件安装是否正确无误，有否漏装，各部件连接是否牢固可靠。

3）调整附墙装置，使架体垂直度偏差小于 1/1000。

4）钢丝绳穿绕是否正确，检查绳扣是否扣牢，对重上的两个扁担是否处于基本水平状态。

5）调整吊笼导轮，确保防坠安全器与标准节立柱之间的间隙均匀。调整防坠安全器的拉线，确保当钢丝绳断裂时，拉线能被拉紧，防坠器的滑块能有效提升。

6）检查吊笼运行全过程有无障碍物。

7）调整好上下限位开关、极限开关，调整好围栏门限位开关，调整好吊笼前后门以及天窗限位开关。

8）调整好限速保护开关、断绳保护开关。

9）初调制动器，使制动器能正常工作。

（2）空载试验

1）每个吊笼应分别进行空载试验。

2）应全行程进行不少于3个工作循环的空载试验，每一工作循环的升、降过程中均应进行不少于两次的制动，其中在半行程应至少进行一次吊笼上升和下降的制动试验，观察有无制动瞬时滑移现象。

3）检查吊笼门及围栏门机械锁钩和电气安全装置，断绳保护，上、下限位和极限限位，总停等电气安全开关的正确性、有效性。

做上升或下降操作时，启与停均需有加减速过程，制动器的开和闭应符合要求。即通电→延时→制动器开启→加速→升或降，断电→延时→减速→制动器断开→停止。

（3）额定载重量试验

1）每个吊笼应分别进行额定载重量试验。

2）在吊笼内装上额定载重量，将吊笼提升至离地1m左右，检查制动器的制动力。

3）载荷重心位置按吊笼宽度方向，向远离导轨架方向偏六分之一宽度，长度方向，向附墙架方向偏六分之一长度（以下简称内偏）以及反向偏移六分之一长度的外偏（以下简称外偏）。按所选电机工作制（即25％暂载率），内偏和外偏各做全行程连续运行30min的试验，每个工作循环的升降过程应进行不少于一次制动。启、制动曳引机应正常，吊笼应能运行平稳，无打滑现象，无异常响声。

（4）超载试验

1）做超载试验前，先将限载保护开关短接。

2）每个吊笼应分别进行超载试验。

3）在吊笼内装上1.25倍额定均布载荷作试吊，全过程不少于3次循环，每个工作循环的升降过程应进行不少于一次制动。启、制动曳引机应正常，吊笼应能运行平稳，无打滑现象，无异常响声。

（5）超载保护开关的调定

超载试验结束后，应对超载保护开关进行调定。即吊笼装载不小于1.0倍，并小于1.1倍额定载荷时，超载保护开关应起作用。

（6）超速试验

1）每个吊笼应分别进行超速上升、超速坠落试验。

2）吊笼装载额定载重量，不许载人，在配电箱内接通1、2两点，使吊笼上升至距离地面约15m处。

3）用按钮盒，如图2-76所示，导线两端分别接通1、13两点。按下按钮不松开，电源接通，制动器打开，吊笼开始下滑，并逐步加速，直至限速器起作用，吊笼又迅速减速至停止，整个制动过程应在1m行程内完成。此时接通1、3两点，吊笼应不能启动下降，接通1、2两点，吊笼应能上升，上升1m左右后再做下降操作，应恢复正常。如限速器不起作用，则可松开按钮，电源断开，吊笼靠制动器减速至停止。

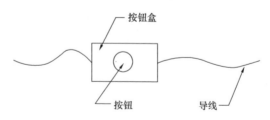

图2-76 按钮盒示意图

4）卸掉全部载荷，吊笼位于底部，不许载人，在配电箱内接通1、13两点，制动器打开，吊笼开始上升（因为对重比吊笼重），并逐步加速，直至限速器起作用，吊笼又迅速减速至停止，整个制动过程应在1m行程内完成。此时接通1、2两点，吊笼应不能启动上升，接通1、3两点，吊笼应能下降，下降1m左右后再做上升操作，应恢复正常。

（7）防坠安全器提绳效果试验

1）真正意义上的防坠试验，是在型式试验时进行。平常在升降机安装结束后，可对防坠安全器提绳效果进行试验。

2）短接断绳保护开关S10，吊笼装载额定载重量，开动吊笼离地2m，用手提升连杆，吊笼向下开动，防坠安全器卡紧在标准节立柱上。

三、安全操作技能

（一）施工升降机的安全使用

1. 施工升降机司机的岗位职责

施工升降机能否安全、正常地使用，并发挥最大效能，取决于操作工（以下也称为司机）的责任心和操作技术。在机械设备使用过程中，必须有熟悉和掌握机械设备运转、操作、维修技术的人员和相应的管理人员，才能使机械设备处于完好状态、充分发挥其效能。

司机的岗位职责也叫岗位责任制，就是将施工升降机的使用和管理责任落实到具体人员，也就是将人与机的关系相对固定下来，由其负责操作、维护、保养和保管，在使用过程中对机械技术状况和使用效率全面负责，以增强司机爱护机械设备的责任心，有利于司机熟悉机械特性，熟练掌握操作技术，合理使用机械设备，提高机械效率，确保安全生产。

（1）岗位责任制的形式

施工升降机的使用必须贯彻"管、用、养、修相结合"和"人机相对固定"的原则，实行定人、定机、定岗位的"三定"岗位责任制和机长负责制。即每台施工升降机由专人操作、维护与保管。

实行岗位责任制，可根据施工升降机使用类型的不同，采取不同形式：

1）简单的货用施工升降机一般由单人单班操作，应明确其司机为该机械设备的使用负责人，承担机长职责。

2）大多数人货两用施工升降机（也叫施工电梯）由二人或

三人执行单班或多班作业，应任命责任心强、技术水平相对高的人为机长，其余为机员。机长选定后，应由施工升降机的使用或产权所有单位任命，并保持相对稳定，一般不轻易变动。在设备内部调动时，最好人随机动。

（2）岗位责任制的内容

1）机长岗位责任制内容

机长是机组的负责人和组织者，其主要职责是：

① 指导机组人员正确使用施工升降机，发挥机械效能，努力完成施工生产任务等各项技术经济指标，确保安全作业；

② 带领机组人员坚持业务学习，不断提高业务水平，模范遵守操作规程和有关安全生产的规章制度；

③ 检查、督促机组人员共同做好施工升降机维护、保养，保证机械和附属装置及随机工具整洁、完好，延长设备的使用寿命；

④ 督促机组人员认真落实交接班制度。

2）司机岗位责任制内容

司机在机长的带领下，除协助机长工作和完成施工生产任务外，还应做好下列工作：

① 严格遵守施工现场的安全管理规定，正确着装、正确使用安全防护用品；

② 认真做好施工升降机作业前的检查、试运转工作；

③ 严格遵守施工升降机安全操作规程，严禁违章作业；

④ 使用过程中发现异常情况必须立即停机检查，直至彻底排除故障后才能进行作业；

⑤ 做好施工升降机的"调整、紧固、清洁、润滑、防腐"等维护保养工作；

⑥ 发现施工升降机安全隐患必须立即向机长和项目安全或机管人员报告；

⑦ 及时做好班后卫生清理工作，认真、准确填写设备点检记录、设备运转记录、设备润滑和日常保养记录；

⑧ 认真履行交接班制度。

3）实习司机责任制内容

初次取证人员必须进行为期三个月的实习操作，经企业考核合格后才能独立操作。实习司机应在机长的指导下，努力学习掌握设备性能、操作技能、检查和保养技术，并做好以下工作：

① 接受分配的工作，未经许可，不准擅自操作和启动施工升降机；

② 在操作时必须严格遵守安全操作规程；

③ 协助机长填写设备点检记录、设备运转记录、设备润滑和日常保养等记录。

④ 交接班制度

为使施工升降机在多班作业或多人轮班作业时，能相互了解情况、交代问题、分清责任，防止机械损坏和附件丢失，保证施工生产的连续进行，必须建立交接班制度作为岗位责任制的组成部分。

交接班时，双方均需全面检查，做到不漏项目，交接清楚，由交班方负责填写交接班记录，接班方核对签收后，交班方才能下班。另有一种情形是隔天交接班，作为当班司机必须在交接班记录上据实填写设备状况，第二天接班司机在作业前必须核对前班司机的记录，若发现有差错必须通知前班作业人员和现场管理人员。

交班司机职责：检查施工升降机的机械、电器部分是否完好；操作手柄置于零位，切断电源，围栏门、电气箱门、末级开关箱门是否锁上；检查本班施工升降机运转情况、保养情况及有无异常情况；交接随机工具、附件等情况；打扫卫生，保持清洁；认真填写好交接班记录。

接班司机职责：认真听取（查阅）上一班司机工作情况介绍；仔细检查施工升降机各部件完好情况；使用前必须进行空载试验运转，检查限位开关、紧急开关等是否灵敏可靠，如有问题应在及时修复后使用，并做好记录。

交接班记录内容及要求：

A. 交接班记录的具体内容和格式，多数省级行业主管部门或行业协会备有本地区通用的格式文本，施工企业可以直接套用。全国性的大型施工企业也可使用本企业的统一范本，表 3-1 为某地使用的交接班记录范本。

施工升降机交接班记录表（示例）   表 3-1

项目名称		设备编号		
设备型号		运转台时	小时	天气
序号	检查项目及要求	交班检查		接班检查
1	施工升降机通道无障碍物、楼层防护门关闭严密			
2	基础围栏门、吊笼门机电联锁完好、门体无破损			
3	各限位器灵敏可靠			
4	各制动器灵敏可靠			
5	笼顶、笼内、基础保持清洁无积水			
6	润滑充足，无漏油现象			
7	各部件无损坏、变形、脱焊、松动，连接螺栓无松动，销轴连接正常			
8	电缆无缠绕、线路无漏电			
9	运行时无异常噪声、振动、晃动			
10	附属装置、配件、工具，齐全、无损坏			
11	本班设备运行情况			
12	本班设备作业项目及内容			
13	其他应注意的事项			
交班人（签名）：		接班人（签名）：		
交接时间： 年 月 日 时 分				

B. 交接班记录一般装订成簿，每月一册，由企业机械管理部门于月末收回旧簿更换新簿，收回的记录簿是设备使用中的原始记录，应保存备查。租赁来的施工升降机的交接班记录应在设备退场时由使用方移交给租赁方作为设备使用的档案资料。

C. 机长和企业机械管理部门应经常检查交接班制度的执行情况，并作为司机日常考核的依据。

2. 施工升降机的安全检查

施工升降机的安全检查包括：设备进场前的检查、设备安装前的检查、设备安装后的自检、设备安装质量检测、使用前的四方验收、作业前的检查、作业过程中的检查、作业后的检查、设备拆除前的检查等。不同的检查侧重点不同、检查人员也不同，施工升降机司机主要负责作业前的检查、作业过程中的检查和的作业后的检查。只有进行认真细致地检查，及时发现安全隐患或设备的故障苗头，才能确保施工升降机的安全使用。

（1）作业前的安全检查

作业前的安全检查主要是验证施工升降机是否完好无损，周围环境和气象条件是否满足设备安全使用的要求。作为施工升降机司机主要应进行以下检查内容：

1）通电前检查

① 目视检查施工升降机周围有无进行危及施工升降机使用安全的其他作业，包括但不限于：土方开挖、塔机安装拆卸或顶升加节、脚手架搭设或拆除等。

② 目视检查施工升降机基础有无积水、是否有可靠的排水措施或原有的排水措施是否堵塞，底架缓冲装置是否齐全有效。

③ 抬头目视检查吊笼或对重运行通道上有无障碍物（比如外露的钢管、钢筋、模板、木条等），施工升降机卸料平台（也称为接料平台）是否稳固、楼层防护门是否全部关闭。

④ 目视检查导轨架、附墙架、吊笼顶或地面防护围栏内是否有人员滞留。

⑤ 目视检查对重是否有脱轨现象、对重钢丝绳是否损坏、

绳端固定是否符合要求。

⑥ 目视检查电缆是否有缺损、破裂或缠绕等情况。

⑦ 目视检查地面防护围栏、围栏门、吊笼门、电缆收纳筒是否有破损、缺口、歪斜等情况，导轨架是否存在变形、倾斜等现象。

⑧ 目视检查末级开关箱是否符合临时用电规范（JGJ46）要求的"一机一闸一漏一箱"的标准，末级开关箱和下电气箱里的电气线路是否存在松脱、重复接地线是否完好。

2）通电后检查

上述检查全部正常后，施工升降机司机可以将末级开关箱和下电气箱中的断路器接通，接着进行下列检查：

① 手动轻按一下漏电保护器试验按钮，检查漏电保护器是否能自动跳闸，能够跳闸说明漏电保护器正常，不能跳闸有两个原因：一是漏电保护器损坏、二是漏电保护器进线端未送电。

② 手动拉起围栏门、进料门检查其开启是否顺畅、开启高度能否达到 1.8m，目视检查门对重钢丝绳是否完好、对重块是否脱轨。

③ 目视检查围栏门机械电气联锁装置、进料门和出料门限位开关、天窗（紧急出口）限位开关、上下限位开关、极限开关、减速开关（变速开关）的挂钩、触杆、碰块、挡条的位置是否正确，有无变形，围栏门开启约 5cm 时应能触发电气联锁装置使得下电气箱中的交流接触器断开，停止向对应侧的吊笼供电。

④ 目视检查安全防坠器是否在一年检定有效期和五年使用寿命之内，其外壳有无裂纹、固定螺栓是否紧固、防坠器齿轮是否松动、啮合是否良好。

⑤ 目视和手动检查控制台上各开关、按钮、操作手柄是否在零位、外观是否破损、是否松动。

⑥ 检查电源电压是否在 360～400V 之间。

3）启动开机检查

以上检查各项正常后，即可打开控制台上的电门锁，接通控制电路的电源，然后继续进行下列检查。

① 检查超载保护器、楼层联络装置（楼层呼叫器）、电铃、照明灯、指示灯、风扇等是否正常。

② 按下启动按钮检查主电路电源是否接通（此时一般可以听到上电气箱内主接触器吸合的声音），按下电铃按钮检查电铃是否鸣响。

③ 按下上升按钮或往上升方向推动操作手柄，启动吊笼上行至离地面 $1\sim2m$ 处停下，检查吊笼是否下滑，以验证制动器是否有效。同时分别手动拉起进料门、出料门或触碰上下限位器触杆、按下急停按钮、开启紧急出口门，检查其是否可以切断控制电路电源，手动扳动极限开关手柄，检查其是否能够切断总电源。

上述部分检查项目一人无法完成，必须两个司机配合检查。上述检查正常后，再进行下列检查。

4）空载运行检查

特别注意：在检查新加节的施工升降机时，不可将吊笼开到超过本次加节前的高度，应在加节前的最高位置前停机，从楼层步行上去检查新增加的导轨架标准节连接情况，确认连接螺栓已全部安装到位，螺母没有缺失并锁紧后，才能将吊笼开到新的高度上去。

① 空载向上运行，注意感受运行时的声响是否正常、导轨架是否有松动、摇晃等现象，运行到上限位开关触发的位置，检查上限位开关是否有效，目视检查上极限开关挡块位置是否正确，导轨架上部安全距离是否符合不少于 $1.8m$ 的要求、同时导轨架悬臂端高度不能超过附着间距。

② 空载运行过程中两个司机还应配合检查导轨架标准节是否变形、开焊，标准节连接螺栓是否松动、螺母有无缺失，附着装置是否稳固。

③ 最后空载下行，中途停车两三次，再次验证传动装置运行情况和制动器制动效果。

作业前的检查过程一般遵循先上后下、先外后里、先静后动、循序进行、认真细致的原则，这样检查才能全面，不会遗漏，能够尽早发现安全隐患，防止事故发生。

（2）作业过程中的安全检查

1）作业过程中司机必须注意观察周边环境，检查是否有影响施工升降机安全运行的状况存在。

2）检查货物在吊笼中的放置位置是否合理，不能出现超载、偏载和货物伸出吊笼外的情况。

3）运行过程中经常检查制动器的制动效果，在吊笼重载下行时的制动距离不可超过 30cm，否则必须及时调整制动器。

4）作业过程中两侧吊笼的司机应定期相互配合（即一人开机、一人通过吊笼围板的空隙观察），检查导轨架标准节螺栓是否松动、齿轮齿条啮合是否良好，防脱安全钩固定螺栓是否松动，电缆是否有扭曲现象，电缆防护架是否松动、挡口胶条或弹簧片是否缺失，各道附着装置是否稳固、螺栓是否松动。

5）吊笼上下运行过程中应注意观察各楼层防护门是否存在未关闭的现象。

6）作业过程中还应根据吊笼运行时的响声、吊笼震动或者摇晃的程度判断施工升降机是否正常。

7）作业过程应检察电机、减速器、制动器的外壳温度是否正常，一般温升不应超过 60℃。

8）检查各润滑部位是否润滑良好，不足时应及时补充。

（3）作业后的安全检查

1）检查操作手柄、各开关是否置于零位，电门锁是否处于关闭状态、电门锁钥匙是否拔出。

2）检查吊笼内外杂物是否打扫清理干净。

3）检查吊笼是否停在底层位置。

4）检查吊笼门、围栏门是否关闭、上锁。

5）检查下电气箱、末级开关箱内的断路器是否已经处于断路状态，箱门是否锁闭。

6）检查电缆是否正常收纳在电缆筒里，盘卷得是否顺畅，有无缠绕扭结等现象。

（4）极端恶劣天气后的检查

施工升降机在经历了台风、强暴雨、洪涝等灾害性天气后，必须经过认真检查才能重新投入使用。

1）检查基础是否沉降、积水或堆积杂物，架体垂直度是否符合要求。

2）检查吊笼、导轨架架体有无变形，附着装置有否松动。

3）检查电缆是否挂到脚手架或吊笼与导轨架之间。

4）检查电气箱是否进水、电气线路和电机等的绝缘电阻是否符合要求。

5）检查卸料平台防护门、脚手板是否松动、缺失。

3. 施工升降机的安全使用

施工升降机在进行上述安全检查并确认正常后，即可投入生产性的乘人、载货运行。施工升降机司机必须达到一定的要求，操作时严格按照操作规程、遵循操作要领，才能确保安全使用。

（1）对司机的要求

施工升降机司机属于建筑行业特种作业人员，其作业资格有一定要求。

1）年满18周岁且未到法定退休年龄，具备初中以上文化程度。

2）每年必须到二级甲等以上医院进行一次身体检查，要求矫正视力不低于5.0，没有色盲、听觉障碍、心脏病、贫血、梅尼埃病、癫痫、眩晕、突发性昏厥、断指残肢等妨碍起重作业的疾病和缺陷。

3）接受专门安全操作知识培训，经建设行政主管部门考核合格，取得建筑施工特种作业操作资格证书。

4）首次取得证书的人员实习操作不得少于三个月，否则不得独立上岗作业；实习期满经过指导人员和机械管理人员考核合格后才能独立操作。

5）持证人员必须按规定进行操作证的复审，对到期未经复审或复审不合格的人员，不得继续独立操作施工升降机。

6）每年应当参加不少于 24 小时（三天）的安全生产教育或继续教育。

7）每两年的操作违规记录达到三次或对施工升降机安全事故负有直接责任的，必须重新培训合格后才能继续进行施工升降机操作。

8）严禁酒后或服用对机械操作有禁忌要求的药物后进行施工升降机操作。

（2）施工升降机运行的条件

施工升降机运行时必须满足必要的气象、设施等条件要求。

1）环境温度应当为 $-20 \sim +40℃$，且不得有大雨、大雪等恶劣天气。

2）导轨架顶部风速不得大于 20m/s。

3）电源电压值偏差应当小于 $±5\%$，即在 $360 \sim 400V$ 之间。

4）地面进料口必须搭设有符合要求的防护棚，其纵距必须大于出入口的宽度，其横距应满足高处作业物体坠落规定半径范围要求。

5）楼层卸料平台搭设完好、防护门必须安装完整，非吊笼停靠的楼层防护门必须处于关闭状态。

6）基础周围应有排水设施，基础四周 5m 范围内不得开挖沟槽，不得进行对基础有较大振动的其他施工作业。

7）施工升降机上方不得有其他交叉作业。

8）施工升降机运行通道、卸料平台、地面进料口等处必须有足够的照明。

（3）操作步骤

不同品牌、不同型号的施工升降机在操作时的步骤略有差别，现以目前普遍使用的某型号变频式 SC200/200 施工升降机为例：

1）熟悉使用说明书和当地及项目管理单位的有关规定

当接管从未操作过的施工升降机或新出厂第一次使用的施工升降机时，须首先认真阅读该机的使用说明书，了解施工升降机的结构特点，熟悉使用性能和技术参数，掌握操作程序、安全使用规定和维护保养要求。

当到一个新的施工项目或地区工作时，必须了解该项目管理单位或该地区对施工升降机使用的特殊要求。比如某些地区要求载人数不得超过9人、禁止用施工升降机运送脚手架型钢和长钢管等、必须通过脸膜识别才能开机等等。

2）熟悉操作控制台面板

如图 3-1 所示，通常情况下，施工升降机的操作台面板上配有启动、急停、电铃等按钮，安装了操作手柄，可操作吊笼上升、下降，并配有电压表、电门锁、照明开关以及电源、运行、加节指示灯等。施工升降机司机应当按说明书的内容逐项熟悉并掌握施工升降机的部件、机构、安全装置和操作台以及操作面板上各类按钮、仪表、指示灯的作用。

图 3-1　操作控制台面板

电门锁：顺时针转动电门锁钥匙控制系统将通电。

电压表：用于查看供电电压是否满足要求、电压是否稳定，正常值应在 360～400V 之间。

启动按钮：按下后主回路接通电源，部分机型启动按钮和电铃按钮共用。

操作手柄：控制吊笼向上或向下运行。一般机型向前推手柄为上升、向后拉为下降，部分机型为左右推拉。多数操作手柄带有零位保护，必须将保护环拉起后才能推动手柄，另有少量机型依然采用按钮或旋钮的方式操作吊笼的运行。

电铃按钮：按下后发出警示铃声信号，部分机型与启动按钮共用。

急停按钮：按下后切断控制系统电源，该按钮一定是红色的蘑菇头按钮，按下后会自锁，需要复位时顺时针方向转动约30°～45°，不可直接拔起。

照明开关、电风扇开关：控制驾驶室照明或电风扇的开关。

电源指示灯：显示控制电路通断情况。

运行指示灯：显示设备处于正常工作状态。

加节指示灯：显示施工升降机正处于加节安装工作状态，此时吊笼内的控制面板除急停按钮外均不可操作。

综合显示屏：用来显示和设定施工升降机运行参数，部分机型可以设定自动平层的楼层数、显示所在的楼层数、呼叫的楼层数、电源电压、变频器输出频率、运行速度、运行方向、运行状态，故障时可以显示故障类型等，并有语音提醒功能，自动化程度比较高。

安装操作盒：大部分机型配有一个用于安装工况使用的笼顶操作盒（操作控制盒），在进行导轨架接高作业时由安装人员在吊笼顶通过该控制盒操作吊笼上下运行。

坠落试验控制盒：是一个带有十多米长控制电缆的控制盒，在进行坠落试验时将其接口一头插入吊笼上电气箱内的专用插座上，试验人员通过按压控制盒内的上升按钮操作吊笼上行，按压试验按钮则在不接通电机线路的同时打开制动器，模拟吊笼坠落的情形，进行坠落试验。

3）施工升降机正常驾驶的步骤

① 将末级开关箱、下电气箱中的断路器置于"合"或"ON"位置，接通电源。

② 依次打开防护围栏门、吊笼门，司机先进入吊笼。

③ 确认吊笼内的极限开关手柄置于中间位置，确认操作台上的紧急制动按钮处于打开状态，升降操作手柄置于中间位置（零位）。

④ 人、货进入吊笼后，司机观察、判断是否偏载、超载，确认正常后依次关闭围栏门、吊笼单行门或楼层防护门、双行门等。

⑤ 观察电压表，确认电源电压正常稳定，正常值应在360～400V之间。

⑥ 顺时针转动电门锁钥匙打开控制电源。

⑦ 按下启动按钮，使控制电路通电。

⑧ 按下电铃按钮，鸣铃示意1～2s。

⑨ 操作手柄（少量机型使用旋钮或按钮开关控制），使施工升降机吊笼运行，在到达所需位置前10～20cm处（变频式的机型需要提前30～40cm）将手柄松开让其自动回到零位，利用惯性使吊笼平层停靠，具体的提前量与载重量、制动器松紧、上行还是下行有关；如果吊笼与平层位置的高度差影响通行则要微动调整到平齐状态。

⑩ 吊笼平层后依次打开吊笼单行门、围栏门或双行门、楼层防护门，吊笼内的人或货先出，然后再进人、进货，进行下一行程的操作。

⑪ 作业结束后将吊笼降到最底层，关闭电门锁、将下电气箱和末级开关箱里的断路器置于"分"或"OFF"位置。

（4）正常运行中的安全操作要求

1）施工升降机在每班首次运行时，应当将吊笼升离地面1～2m，试验制动器的可靠性，如发现制动器不正常，应调整或修复并重新验证后方可运行。

2）吊笼内乘人或载物时，应使载荷均匀分布，防止偏重，严禁超载运行。

3）司机应监督施工升降机的负荷情况，当超载、超重时，应当停止施工升降机的运行。

4）当物件装入吊笼后，首先应检查物件有无伸出吊笼外的情况，应当特别注意装载位置，确保堆放稳妥，防止物件倾倒。

5）较重的货物宜放置在靠近导轨架的位置，即放置在安全防坠器下方，使得吊笼受到的偏心力矩尽可能小。

6）人货不得混载，部分地区允许在运载货物时可以有两名随货接送人员同行。

7）物体不得伸出或阻挡吊笼上的紧急出口，正常行驶时应将紧急出口关闭。

8）施工升降机运行时，吊笼内乘员的头、手等身体任何部位严禁伸出吊笼。

9）装运易燃和易爆危险物品时，必须有安全防护措施，并确保放置稳妥。

10）在等候载物或人员时，应当监督他人不得站在吊笼和卸料平台之间，应站在吊笼内，或在卸料平台等候，严禁将吊笼长时间停留在高空等待。

11）有人在导轨架上或附墙架上作业时，不得开动施工升降机，吊笼升起时严禁有人进入地面防护围栏内。

12）吊笼启动前必须鸣铃示意。

13）司机在工作时间内不得擅自离开工作岗位。必须离开岗位时，应将吊笼停在地面站台，将吊笼门关闭上锁，取走电门钥匙，并挂上有关告示牌。

14）在施工升降机未切断电源前，司机不得离开工作岗位。

15）施工升降机运行到最上层时，严禁用碰撞上限位开关自动停车的方式来代替正常驾驶。

16）施工升降机在正常运行时，严禁使极限开关手柄脱离挡铁，令其失效。

17）操作施工升降机时，必须用手操作手柄开关或按钮开关，不得用身体其他部位代替手来操作。严禁利用物品吊在操作开关上或塞住控制开关，开动施工升降机上下行驶。

18）施工升降机在运行时，禁止揩拭、清洁、润滑和修理机件。

19）施工升降机向上行驶至最上层站时，应注意及时停止行驶，以防吊笼冲顶。满载向下行驶至最低层站时，也应注意及时停止行驶，以防吊笼冲击底座。

20）施工升降机在行驶中停层时，应注意层站位置，不能将上下限位作为停层开关，不能用打开单行门和双行门的方式来停机。在转换运行方向时，应先将开关放在停止位置，再换反向位置，不能换向太快，以防损坏电气、机械零部件。

21）在施工升降机运行中或吊笼未停稳前，不可开启吊笼单行门和双行门以及围栏门、楼层防护门，在楼层防护门未关闭的情况下禁止将吊笼驶离。

22）吊笼内应配置灭火器，放置平稳，便于取用，灭火器应选用能够扑灭 E 类火灾（电气火灾）的类型。

23）如发现施工升降机运行中有异常响声、异常振动、异常气味、吊笼或导轨架晃动严重、漏电、漏油等情况，应立即停机检查。

24）司机发现施工升降机在行驶中出现故障时，不得随意对施工升降机进行检修，应及时通知维修人员进行维修。维修时，司机应协助维修人员工作，不能随便离开工作岗位。

25）施工升降机在大雨、大雾和大风（风速超过 20m/s）时，应停止运行，并将吊笼降到地面站台，切断电源。暴风雨后应对施工升降机基础、导轨架、电气系统和各安全装置进行检查。

26）严禁酒后上岗作业，工作时不得与其他人闲谈，严禁听、看与驾驶无关的音像、书报等。

27）冬季低温天气作业时应有防止冻伤的措施，但不得使用红外线取暖器或电炉等电器。夏季高温天气作业时应有防暑措施，并应注意午后时常出现的天气骤变现象。

28）施工升降机在使用过程中必须认真做好使用记录，使用记录一般包括运行记录、维护保养记录、交接记录和其他内容。大多数省市区均有格式化表格供司机填写，此处不再赘述。

（5）出现异常情况时的操作

1）当施工升降机的吊笼门和防护围栏门关闭后，如吊笼不能正常启动，应将操作开关复位，防止因电动机缺相或制动器未打开，而造成电动机损坏。

2）如在吊笼门和防护围栏门没有关闭的情况下，吊笼仍能启动运行，应立即停止使用，对围栏门电气联锁装置和吊笼门限位开关进行检修。

3）吊笼在运行时，如果发现有异常噪声、异常气味、振动和冲击等现象，应立即停止使用，通知维修人员查明原因，并予以修复。

4）吊笼在正常载荷下，下行停层时出现下滑较长距离才能停下的现象时（一般满载向下运行时刹车距离应控制在30cm之内），应立即停用，进行制动器的调整或检修。

5）如施工升降机的任何金属部件有漏电现象，或漏电保护器经常跳闸，应立即切断施工升降机的电源并进行检修。

6）当发现电气零件及接线发出焦热的异味时，施工升降机应立即停止使用，进行检修。

7）当发现电机、减速器、制动器外壳温度较高时（一般以温升60℃为限），施工升降机应立即停止使用，避免长时间大载荷运行。

8）运行过程中发现减速器漏油时（一般以3分钟滴油多于1滴为限）应立即停止使用，进行检修。

9）使用过程中如发现导轨架标准节螺栓松动、附着装置松动等现象，应立即停止使用，进行检修。

10）使用过程中发现有电缆挂扯等现象时，应立即停止使用，进行检修。

11）施工升降机在运行中，如电源突然中断，司机应将所有操作开关恢复到原始位置（零位），然后进行如下步骤：

① 电话联系地面电工或管理员，了解停电原因，判断停电时间长短。

② 如果停电时间短可等待恢复供电，电源恢复后重新启动梯笼运行。

③ 如果停电时间比较长，可按下急停开关、极限开关，组织乘员撤离；如果吊笼停在层站附近的位置，则打开吊笼门、楼层防护门，指挥乘员从楼层撤离；如果吊笼停在二层之间的位置，则组织乘员通过爬梯到吊笼顶，从上一楼层撤离。

④ 人员撤离后，司机必须在吊笼附近守候，等待电源恢复或维修工到达；如果断定当天无法恢复供电，则应由安装或维修专业人员用手动松闸方式将吊笼逐渐降到底层，将下电气箱和末级开关箱里的断路器置于"分"或"OFF"位置。

⑤ 最后锁好围栏门和下电气箱门、末级开关箱门，司机才能离开现场。

12）当施工升降机在正常运载条件、正常行驶速度下，防坠安全器发生动作而使吊笼制动时，司机应将所有操作开关恢复到原始位置（零位），并按上述11）项③条方式组织人员撤离，并通知专业维修人员及时进行检修。

（6）作业结束后的安全要求

1）施工升降机工作完毕后停驶时，司机应将吊笼降至底层，停靠至地面层站。

2）司机应将控制开关置于零位，关闭照明灯、电风扇开关，并将电门锁关闭，切断电源。

3）司机在离开吊笼前应检查一下吊笼内外情况，做好清洁保养工作。

4）司机离开吊笼后，应将吊笼门和防护围栏门关闭严实，并上锁。

5）切断施工升降机下电气箱电源和末级开关箱电源，锁闭电气箱门。

6）如装有空中障碍灯时，夜间应打开障碍灯。

7）当班司机应填写好运行记录、润滑保养记录、交接班记录，进行交接班。

（二）施工升降机的维护保养

在机械设备投入使用后，对设备的检查、清洁、润滑、防腐以及对部件的更换、调试、紧固和位置、间隙的调整等工作，统称为设备的维护保养。

1. 维护保养的意义

为了使施工升降机经常处于完好状态和安全运转状态，避免和消除在运转工作中可能出现的故障和事故，提高施工升降机的使用寿命、消除安全隐患，必须及时正确地做好维护保养工作。

（1）施工升降机处于露天的工作状态中，经常遭受风吹雨打、日晒的侵蚀，灰尘、砂土的侵入和沉积，如不及时清除和保养，必将加快机械的锈蚀、磨损，使其使用寿命大大缩短。

（2）在机械运转过程中，各工作机构润滑部位的润滑油及润滑脂会自然损耗，如不及时补充，将会加重机械的磨损和锈蚀。

（3）机械经过一段时间的使用后，各运转机件会自然磨损，零部件间的配合间隙会发生变化，如果不及时进行保养和调整，磨损就会加快，甚至导致完全损坏，更严重的可能引起安全事故。

（4）机械在运转过程中，如果各工作机构的运转情况不正常，又得不到及时的保养和调整，将会导致工作机构完全损坏，大大降低施工升降机的使用寿命。

（5）施工升降机在运行过程中振动比较大，导轨架、附着架、传动板、安全防坠器板等重要连接螺栓容易松动，如果没有及时紧固，将会诱发重大安全事故。

从以上分析可以看出维护保养的必要性和重要性，每一个施工升降机司机、维保人员、检修人员均须认真对待。

2. 维护保养的分类

为了使维护保养更有针对性、时效性，既能保证机械设备得到充分保养，又不至于造成浪费，机械行业普遍会对维护保养进行分类：

（1）日常维护保养

日常维护保养，又称为例行保养、每班保养，是指在设备运行的前、后和运行过程中的保养作业。日常维护保养通常由设备操作人员进行。

（2）定期维护保养

定期维护保养就是间隔一段时间进行一次维护保养，按间隔期长短，又分为月度、季度及年度，也可分为周（旬）、月、季的维护保养，具体的间隔周期没有硬性的规定，鉴于施工升降机的使用环境比较恶劣，笔者偏向于旬、月、季的定期维护保养时间间隔。定期维护保养以专业维修人员为主，设备操作人员进行配合。

（3）特殊阶段维护保养

施工机械除日常维护保养和定期维护保养外，在走合期结束、转场、闲置、季节转换等特殊情况下还需进行维护保养。

1）走合期保养。走合期保养就是在新购置或大修后的机械设备走合期结束时，进行的以更换减速箱润滑油为主的保养，走合期长短参考使用说明书的要求。

2）转场保养。在施工升降机转移到新工地安装使用前，需进行一次全面的，保证施工升降机状况完好的维护保养，确保安装、使用安全。根据施工升降机机况的不同，转场保养可以在工地现场进行；如果施工升降机在前一个工地使用时间比较久，设备机况较差，则转场保养宜在租赁公司维修基地进行，同时进行必要的维修。

3）闲置保养。施工升降机在停放或封存期内，应至少每月进行一次保养，重点是清洁和防腐，由专业维修人员或保管员进行。

4）季节性保养。在季节气温差异明显的地区，施工升降机减速箱使用的润滑油的牌号可能不同，在转换季节时，必须根据使用说明书的要求，将减速箱中的润滑油更换成符合要求的牌号，一般由专业维修人员进行。

3. 施工升降机维护保养的方法

维护保养一般采用"清洁、紧固、调整、润滑、防腐"方法，通常简称为"十字作业"法。

（1）清洁

清洁，是指对机械各部位的油泥、污垢、尘土等进行清除等工作，目的是减少部件的锈蚀、运动零件的磨损、保持良好的散热和为检查提供良好的观察效果等；对于施工升降机来说还包括对吊笼顶棚、吊笼内底面和基础承台等位置的杂物、垃圾的清理、打扫工作。

（2）紧固

紧固，是指对连接件进行检查紧固等工作。机械运转中产生的振动，容易使连接件松动，如不及时紧固，不仅可能产生漏油、漏电等现象，有些关键部位的连接松动，轻则导致零件变形，重则会出现零件断裂、分离，甚至导致机械事故和人身伤亡事故。

（3）调整

调整，是指对机械零部件的间隙、行程、角度、压力、松紧、速度等及时进行检查调整，以保证机械的正常运行。尤其是要对制动器、减速机、齿轮齿条啮合间隙、滚轮间隙等关键机构和部位进行适当调整，确保其灵活可靠。

（4）润滑

润滑，是指按照产品使用说明书的规定和要求，选用适当牌号的润滑油、润滑脂，定期对规定的部位进行加注、涂抹或更换，以保持机械运动零件间的良好运动，减少零件磨损，提高散热效果，同时还能起到防锈作用。

（5）防腐

防腐，是指对机械设备和部件进行防潮、防锈、防酸等处理，防止机械零部件和电气设备被腐蚀损坏。最常见的防腐保养是对机械外表进行补漆或涂上油脂等防腐涂料。

4. 施工升降机维护保养的内容

（1）日常维护保养的内容和要求

每班开始工作前，应当进行检查和维护保养，包括目测检查和功能测试，发现存在严重情况的应当报告有关人员进行停用、维修，检查；维护保养情况应当及时记入交接班记录。检查一般应包括以下内容：

1）基础部分

① 基础不得有积水和杂物垃圾堆积；

② 底架与基础承台间接触良好，无曲翘、脱离等现象，底架上的缓冲装置齐全有效、无歪斜等现象。

2）地面防护围栏和吊笼

① 检查围栏应无破损、变形等现象；

② 检查围栏门和吊笼门应启闭自如，门开启高度应能够达到 1.8m；

③ 通道区应无杂物堆放；

④ 吊笼运行区间应无障碍物，吊笼内应保持清洁。

3）设备铭牌

检查施工升降机上的设备铭牌、使用登记牌是否清晰、完整。

4）金属结构

① 检查施工升降机金属结构的焊接点应无脱焊及开裂；

② 附墙架固定应牢靠，连接螺栓无松动；

③ 卸料平台（层站）应平整、稳固，连墙件无松脱、缺失；

④ 防护栏杆应齐全、安装牢固；

⑤ 各部件连接螺栓应无松动、销轴连接正常、开口销全部

张开到位。

5）导向滚轮装置

① 检查侧滚轮、背轮、上下滚轮部件的定位螺钉和紧固螺栓应无松动；

② 滚轮应转动灵活，与导轨的间隙应符合规定值（此项也可以通过目视检查滚轮上的摩擦痕迹来判断——单边痕迹、无摩擦痕迹都说明间隙不符合要求）。

6）对重及其悬挂钢丝绳

① 检查对重运行区内应无障碍物，对重导轨及其防护装置应正常、完好；

② 钢丝绳应无损坏，其绳端固定应牢固可靠。

7）电气系统

① 检查线路电压是否符合额定值及其偏差范围，线路电压应在360V～400V之间；

② 机件应无漏电现象，对漏电保护器进行手动试验应灵敏、有效；

③ 限位装置及机械电气联锁装置工作是否正常、灵敏可靠；

④ 检查电缆应完好无破损、无刮擦、无钩挂，在电缆筒内盘卷顺畅；

⑤ 电缆滑车、电缆护圈应完好，无歪斜、错位现象。

8）安全装置

① 检查围栏门机械、电气联锁装置应齐全有效；

② 吊笼门联锁装置齐全有效；

③ 上下限位开关、极限开关、门限位开关、紧急出口（天窗）限位开关齐全有效；

④ 按下急停开关应能自锁并切断控制电路电源，顺时针转动急停开关帽应能顺畅弹出。

9）传动、变速机构

① 检查各传动、变速机构应无异响、松动等现象；

② 蜗轮箱、齿轮箱油位应正常，无漏油、渗油现象。

10）润滑情况

检查齿轮与齿条、滚轮与导轨架、对重轨道、门配重滑轨等部位润滑应良好。

11）制动器

检查制动器性能是否良好，能否可靠制动。

① 每班首次开机时空载上升 1～2m 后停下，观察数分钟吊笼不得下滑；

② 载重下行时的制动距离不得超过 30cm。

（2）每旬维护保养的内容和要求

每旬维护保养除按日常维护保养的内容和要求进行外，还应按照以下内容和要求进行。

1）导向滚轮装置

① 检查滚轮轴支承架紧固螺栓应可靠紧固；

② 滚轮轴润滑应良好，必要时可通过黄油嘴加注润滑脂。

2）对重及其悬挂钢丝绳

① 检查对重导向滚轮的紧固情况是否良好；

② 天轮装置工作是否正常可靠，滑轮磨损是否超标；

③ 钢丝绳有无严重磨损和断丝，防脱槽装置应有效。

3）电缆和电缆导向装置

① 检查电缆支承臂和电缆导向装置之间的相对位置是否正确；

② 导向装置（电缆护圈）弹簧功能是否正常；

③ 电缆有无扭曲、龟裂、破损。

4）传动、减速机构

① 检查机械传动装置安装紧固螺栓应无松动，特别是驱动（提升）齿轮副的紧固螺钉不得松动；

② 检查电动机散热片应清洁，散热功能应良好、散热风扇完好；

③ 检查减速器箱内油位应正常，油质良好无杂质或变质；

④ 检查联轴器弹性梅花圈不得出现裂纹、破碎现象，磨损

不超过 20%；

⑤ 齿轮齿条的啮合间隙应符合规定值；

⑥ 采用曳引机驱动的，应检查曳引轮绳槽磨损不得超过规定值。

5）制动器

测量制动器的制动力矩应符合要求。

6）电气系统与安全装置

① 检查电气线路和电动机的绝缘电阻值应分别大于 $0.5M\Omega$ 和 $1M\Omega$；

② 检查重复接地装置、防雷接地装置的电阻值应分别不少于 10Ω 和 30Ω；

③ 导轨架上的限位挡铁位置应正确，紧固螺栓连接牢靠；

④ 查看防坠安全器铭牌和检定铭牌上的生产日期和检定日期，确认未过期使用；

⑤ 检查防坠安全器外壳不得有裂纹，其连接螺栓应紧固；

⑥ 检查防脱安全钩连接螺栓不得松动、防脱挡块不得贴到齿条后背。

7）金属结构

① 重点检查导轨架标准节之间的连接螺栓应牢固；

② 检查附墙结构应稳固、无变形，各连接螺栓无松动，表面无脱漆和锈蚀；

③ 吊笼及其驾驶室钢构件无变形、锈蚀，特别是驾驶室底部的钢构件。

（3）季度维护保养的内容和要求

季度维护保养除按月度维护保养的内容和要求进行外，还要按照以下内容和要求进行。

1）导向滚轮装置

① 检查导向滚轮的磨损情况，超过标准值应该及时更换；

② 确认滚轮内部滚珠轴承应良好、无严重磨损，调整滚轮与导轨之间的间隙。

2）检查齿轮齿条以及背轮的磨损情况

① 检查驱动（提升）齿轮副的磨损情况，检测其磨损量不应大于规定的最大允许值；

② 用塞尺检查蜗轮减速器的蜗轮磨损情况，检测其磨损量不应大于规定的最大允许值；

③ 检查背轮的磨损情况，检测其磨损量不应大于规定的最大允许值。

3）检查传动系统和对重系统

① 检查减速箱轴承应良好；

② 检查天轮轴承应良好；

③ 检查制动器摩擦片的磨损情况，摩擦片厚度应符合要求。

4）电气系统与安全装置

在额定负载下进行坠落试验，检测防坠安全器的性能是否可靠。

5. 主要零部件的维护保养

以 SC 系列某型号施工升降机的零部件为例，说明滚轮、齿条等零部件的更换方法。

（1）滚轮的更换

当滚轮轴承损坏或滚轮磨损超差时必须更换。

1）吊笼落至地面用木块垫稳；

2）用扳手松开并取下滚轮连接螺栓，取下滚轮；

3）装上新滚轮，调整好滚轮与导轨之间的间隙，使用扭力扳手紧固好滚轮连接螺栓，拧紧力矩应达到 200N·m。

（2）背轮的更换

当背轮轴承损坏或背轮外圈磨损超差时，必须进行更换。

1）将吊笼降至基础承台上方约 20～30cm 处，用木块垫稳；

2）将背轮连接螺栓松开，取下背轮；

3）装上新背轮并调整好齿条与齿轮的啮合间隙，使用扭力扳手紧固好背轮连接螺栓，拧紧力矩 300N·m。

（3）减速器驱动齿轮的更换

当减速器驱动齿轮齿形磨损达到极限时,必须进行更换,方法如图 3-2 所示。

图 3-2　更换减速器驱动齿轮

1)将吊笼降至基础承台上方约 20～30cm 处,用木块垫稳;

2)拆掉电机接线,松开电动机制动器,拆下背轮;

3)松开驱动板连接螺栓,将驱动板从驱动架上取下;

4)拆下减速机驱动齿轮外轴端圆螺母及锁片,拔出小齿轮;

5)将轴径表面擦洗干净并涂上黄油;

6)将新齿轮装到轴上,上好圆螺母及锁片;

7)将驱动板重新装回驱动架上,穿好连接螺栓先不要拧紧,并安装好背轮;

8)调整好齿轮啮合间隙,使用扭力扳手将背轮连接螺栓、驱动板连接螺栓拧紧,拧紧力矩应分别达到 300N · m 和200N · m;

9)恢复电机制动并接好电机及制动器接线;

10)通电试运行。

(4)减速器的更换

当吊笼在运行过程中减速机出现异常发热、漏油、梅花形弹性块损坏等情况而使机器出现振动或减速机由于吊笼撞底而使齿轮轴发生弯曲等故障时,须对减速机或其零部件进行更换,步骤如下:

1)将吊笼降至基础承台上方约 20～30cm 处,用木块垫稳;

2)拆掉电动机线,松开电动机制动器,拆下背轮。松开驱动板连接螺栓,将驱动板从驱动架上取下;

3)取下电动机箍,松开减速器与驱动板间的连接螺栓,取下驱动单元；

4）松开电动机与减速器之间的法兰盘连接螺栓，将减速器与电动机分开；

5）将减速箱内剩余油放掉，取下减速器输入轴的半联轴器；

6）将新减速箱输入轴擦洗干净并涂油，装好半联轴器。如联轴器装入时较紧，切勿用锤重击，以免损坏减速器；

7）将新减速箱与电动机联好，正确装配橡胶缓冲块，拧好连接螺栓；

8）将新驱动单元装在驱动板上，用螺栓紧固，装好电动机固定箍；

9）安装驱动板，用200N·m力矩拧紧驱动板连接螺栓；

10）安装背轮，用300N·m力矩拧紧背轮连接螺栓；

11）重新调整好齿轮与齿条之间的啮合间隙，给电动机重新接线；

12）恢复电动机制动，接电试运行。

（5）齿条的更换

当齿轮损坏或已达到磨损极限时应予以更换，步骤如下：

1）松开齿条连接螺栓，拆卸磨损或损坏了的齿条，必要时允许用气割等工艺手段拆除齿条及其固定螺栓，清洁导轨架上的齿条安装螺孔，并用特制液体涂定液做标记；

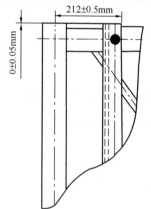

图 3-3　齿条安装位置偏差

2）按标定位置安装新齿条，其位置偏差、齿条距离导轨架立柱管中心线的尺寸，如图 3-3 所示，螺栓预紧力为 200N·m。

注意：由于齿条带有定位销，在安装好的导轨架内更换齿条时，应将需更换齿条的上部（或者下部）齿条全部拆下，然后再一条一条重新安装好。如果需更换的齿条位于导轨架中部，则此方式太浪费工时，并且在施工现场的作业环境下保证安装后齿条的精度比较困难。一种应急的处理方式是将需更换掉的齿条用气割或切割的方式割断后取出，然后将要替换的新齿条和其下齿条的定位销割掉，将替换齿条装好，待施工升降机拆卸后再修复这两个齿条的定位销。

（6）防坠安全器的更换

防坠安全器达到报废标准的应更换，更换步骤如下：

1）拆下防坠安全器下部开关罩，拆下微动开关接线；

2）松开防坠安全器与其安装板之间的连接螺栓，取下防坠安全器；

3）装上新防坠安全器，用 200N·m 力矩拧紧连接螺栓，调整防坠安全器齿轮与齿条之间的啮合间隙；

4）接好微动开关线，装上开关罩；

5）进行坠落试验，检查防坠安全器的制动情况；

6）按防坠安全器复位说明进行复位；

7）润滑防坠安全器。

6. SS 型施工升降机零部件的维护保养

（1）断绳保护和安全停靠装置制动块的更换

对 SS 型施工升降机楔块式保护装置来讲，长时间使用施工升降机后，断绳保护和安全停靠装置的制动块会磨损，当制动块磨损不是很严重时，可不更换制动块，而是直接调节弹簧的预紧力，使制动状态下制动块制动灵敏，非制动状态下两制动块离开导轨。图 3-4 所示为防断绳保护装置示意图。

当制动块磨损严重时，应当将断绳保护和安全停靠装置从吊笼上拆下，更换制动块，更换方法和步骤如下：

1）将钢丝绳楔形接头的销轴拔出，卸下防坠连接架的连接螺栓，将断绳保护和安全停靠装置从吊笼托架上取下；

2）将内六角螺栓松开取下，卸下旧制动块，更换上新的制动块，然后将更换好制动块的保护器再安装在吊笼托架上；

3）调整制动滑块弹簧的预紧力。通过旋动调节螺栓，使制

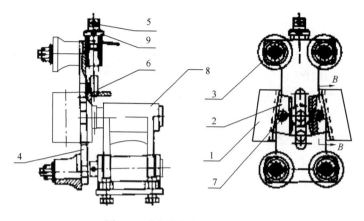

图 3-4　防断绳保护装置示意图

1—托架；2—制动滑块；3—导轮；4—导轮架；5—调节螺栓；
6—压缩弹簧；7—内六角螺栓；8—防坠器连接架；9—圆螺母

动滑块既不与导轨碰擦卡阻，又可使停层制动和断绳制动灵敏
正常；

4）在制动块的滑槽内加入适量的油脂，起到润滑和防锈
作用；

5）清洁制动滑块的齿槽摩擦面。

（2）闸瓦制动器的维护保养

闸瓦（块式）电磁制动器是 SS 型施工升降机中最常用的制
动器，如图 3-5 所示。当制动闸瓦磨损过甚而使铆钉露头，或闸
瓦磨损量超过原厚度 1/3 时，应及时更换；制动器芯轴磨损量超
过标准直径 5% 和椭圆度超过 0.5mm 时，应更换芯轴；杆系弯
曲时应校直，有裂纹时应更换，弹簧弹力不足或有裂纹时应更
换；各铰链处有卡滞及磨损现象时应及时调整和更换，各处紧固
螺钉松动时应及时紧固；制动臂与制动块的连接松紧度不符合要
求时，应及时调整。

闸瓦制动器的维修与保养主要是调整电磁铁冲程、调节主弹
簧长度、调整瓦块与制动轮间隙等，一般可按如下步骤进行：

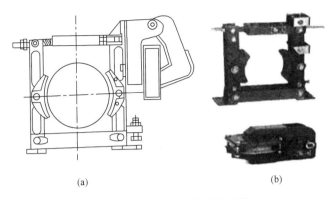

(a)　　　　　　　　　　　(b)

图 3-5　电磁推杆瓦块式制动器

（a）制动器示意图；（b）制动器与衔铁图片

1）调整电磁铁冲程，如图 3-6 所示。先用扳手旋松锁紧的小螺母，然后用扳手夹紧螺母，用另一扳手转动推杆的方头，使推杆前进或后退。前进时顶起衔铁，冲程增大，后退时衔铁下落，冲程减小。

2）调节主弹簧长度，如图 3-7 所示。先用扳手夹紧推杆的外端方头并旋松螺母的锁紧螺母，然后旋松或夹住调整螺母，转动推杆的方头。因螺母的轴向移动改变了主弹簧的工作长度，随着弹簧的伸长或缩短，制动力矩会随之减小或增大，调整完毕后，把右面锁紧螺母旋回锁紧，以防松动。

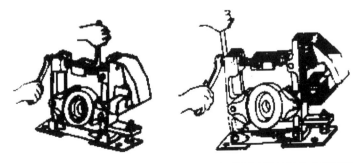

图 3-6　电磁制动器的冲程调节　图 3-7　电磁制动器的制动力矩调节

3）调整瓦块与制动轮间隙，如图3-8所示。把衔铁推压在铁芯上，使制动器松开，然后调整背帽螺母，使左右瓦块制动轮间隙相等。

（3）曳引机曳引轮的维护保养

图3-8　电磁制动器瓦块与制动轮间隙调节

1）应保证曳引轮绳槽的清洁，不允许在绳槽中加油润滑。

2）当发现绳槽间的磨损深度差距最大达到曳引绳直径的1/10以上时，应车削至深度一致，或更换轮缘，如图3-9所示。

3）对于带切口半圆槽，当绳槽磨损至切口深度小于2mm时，应重新车削绳槽，但经修理车削后切口下面的轮缘厚度应大于曳引绳直径，如图3-10所示，否则应当进行更换。

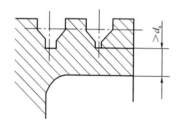

图3-9　绳槽磨损差

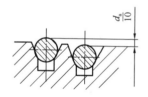

图3-10　最小轮缘

（4）减速器的维护保养

1）箱体内的油量应保持在油针或油镜的标定范围内，油的规格应符合要求。

2）润滑部位，应按产品说明书规定进行润滑。

3）应保证箱体内润滑油的清洁，当发现杂质明显时，应换新油；对新使用的减速机，在使用一周后，应清洗减速机并更换新油；以后应每半年清洗和更换新油。

4）轴承的温升不应高于60℃；箱体内的油液温升不应超过

60℃，否则，应停机检查原因。

5）当轴承在工作中出现撞击、摩擦等异常噪声，并通过调整也无法排除时，应考虑更换轴承。

（5）电动机的维护保养

1）应保证电动机各部分的清洁，不应让水或油浸入电动机内部。应经常吹净电动机内部和换向器、电刷等部分的灰尘。

2）对使用滑动轴承的电动机，应注意油槽内的油量是否达到油线，同时应保持油的清洁。

3）当电动机转子轴承磨损过大，出现电动机运转不平稳，噪声增大时，应更换轴承。

7. 施工升降机的润滑

施工升降机在新机安装后，应当按照产品说明书要求进行润滑，说明书没有明确规定的，使用满 40 小时（或一周）应清洗并更换蜗轮减速箱内的润滑油，以后每隔半年更换一次。蜗轮减速箱的润滑油应按照铭牌上的标注进行润滑。对于其他零部件的润滑，当生产厂无特殊要求时，可参照以下说明进行：

（1）SC 型施工升降机主要零部件的润滑周期、部位和润滑方法，见表 3-2。

<h3 style="text-align:center">SC 型施工升降机润滑表　　　　表 3-2</h3>

周期	润滑部位	润滑剂	润滑方法
每月	减速箱	N320 蜗轮润滑油	检查油位，不足时加注
	齿条	2 号钙基润滑脂	上润滑脂时升降机降下并停止使用 2~3h，使润滑脂凝结
	安全器	2 号钙基润滑脂	油嘴加注
	对重绳轮	钙基脂	加注
	导轨架导轨	钙基脂	刷涂
	门滑道、门对重滑道	钙基脂	刷涂
	对重导向轮、滑道	钙基脂	刷涂
	滚轮	2 号钙基润滑脂	油嘴加注
	背轮	2 号钙基润滑脂	油嘴加注
	门导轮	20 号齿轮油	滴注

周期	润滑部位	润滑剂	润滑方法
每季度	电机制动器锥套	20 号齿轮油	滴注，切勿滴到摩擦盘上
	钢丝绳	沥青润滑脂	刷涂
	天轮	钙基脂	油嘴加注
每年	减速箱	N320 蜗轮润滑油	清洗、换油

（2）SS 型施工升降机主要零部件的润滑周期、部位和润滑方法，见表 3-3。

SS 型施工升降机润滑表　　　　表 3-3

周期	润滑部位	润滑剂	润滑方法
每周	滚轮	润滑脂	涂抹
	导轨架导轨	润滑脂	涂抹
每月	减速箱	30 号机油（夏季） 20 号机油（冬季）	检查油位，不足时加注
	轴承	ZC-4 润滑脂	涂抹
	钢丝绳	润滑脂	涂抹
每年	减速箱	30 号机油（夏季） 20 号机油（冬季）	清洗，更换
	轴承	ZC-4 润滑脂	清洗，更换

8. 维护保养时的安全注意事项

在进行施工升降机的维护保养和维修时，应注意以下事项：

（1）应切断施工升降机的电源，拉下吊笼内的极限开关，防止吊笼被意外启动或发生触电事故。

（2）对吊笼内外零部件的维护保养时，应将吊笼降到最底层进行。

（3）对防坠安全器和制动器进行拆检时，应在吊笼底下用木方支撑住；带有对重的机型还应将吊笼固定在导轨架上。

（4）在维护保养和维修过程中，不得承载无关人员或装载物料，同时应悬挂检修停用警示牌，禁止无关人员进入检修区域内。

（5）所用的照明行灯必须采用36V以下的安全电压，并检查行灯导线、防护罩，确保照明灯具的使用安全。

（6）应设置监护人员，随时注意维修现场的工作状况，防止安全事故发生。

（7）检查基础或吊笼底部时，应首先检查制动器是否可靠，同时切断电动机电源。采取将吊笼用木方支起等措施，防止吊笼或对重突然下降伤害维修人员。

（8）在对导轨架、对重导轨、天轮架进行维护保养时，维保人员将在吊笼顶上作业，应将施工升降机切换到安装工况进行操作。

（9）维护保养和维修人员必须戴安全帽；高处作业时，应穿防滑鞋，系安全带。

（10）维护保养后的施工升降机，应进行试运转，确认一切正常后，方可投入使用。

（三）施工升降机操作技能

1. 施工升降机安全作业条件

施工升降机在施工中要保证安全使用和正常运行，必须具备一定的安全技术条件。一般来说，安全技术条件包括驾驶人员条件、环境设施条件和技术条件等。

2. 施工升降机司机条件

从事施工升降机驾驶操作人员应当具备以下条件：

（1）年满18周岁，具有初中以上的文化程度。

（2）每年须进行一次身体检查，矫正视力不低于5.0，没有色盲、听觉障碍、心脏病、贫血、梅尼埃病、癫痫、眩晕、突发性昏厥、断指等妨碍起重作业的疾病和缺陷。

（3）接受专门的安全操作知识培训，经建设主管部门考核合格，取得建筑施工特种作业操作资格证书。

（4）首次取得证书的人员实习操作不得少于三个月。否则不得独立上岗作业。

（5）持证人员必须按规定进行操作证的复审，到期未经复审或复审不合格的人员，不得继续独立操作施工升降机。

（6）每年应当参加不少于 24h 的安全生产教育。

3. 环境设施条件

（1）环境温度应当为 $-20\sim+40℃$。

（2）顶部风速不得大于 20m/s。

（3）电源电压值偏差应当小于 $\pm5\%$。

（4）基础周围应有排水设施，基础四周 5m 内不得开挖沟槽，30m 范围内不得进行对基础有较大振动的施工。

（5）在吊笼地面出入口处应搭设防护隔离棚，其纵距必须大于出入口的宽度，其横距应满足高处作业物体坠落规定的半径范围要求。

4. 施工升降机的安全操作要求

（1）作业前，应当检查以下事项：

1）检查导轨架等结构有无变形，连接螺栓有无松动，节点有无裂缝、开焊等情况。

2）检查附墙是否牢固，接料平台是否平整，防护是否到位。

3）检查钢丝绳固定是否良好，断股断丝是否超标。

4）查看吊笼和对重运行范围内有无障碍物等。

（2）启动前，应当检查以下事项：

1）电源接通前，检查地线、电缆是否完整无损，操作开关是否置于零位。

2）电源接通后，检查电压是否正常、机件有无漏电、电气仪表是否灵敏有效。

3）进行以下操作、检查的安全开关是否有效，应当确保吊笼不能启动：

① 打开围栏门；

② 打开吊笼单开门；

③ 打开吊笼双开门；

④ 打开顶盖紧急出口门；

⑤ 触动防断绳安全开关；

⑥ 按下紧急制动按钮。

（3）进行空载运行，检查上、下限位开关、极限开关及其碰铁是否有效、可靠、灵敏。

（4）检查各润滑部位，应润滑良好。如润滑情况差，应及时进行润滑；油液不足时应及时补充润滑油。

5. 施工升降机操作的一般步骤

以 SC200 系列某型号施工升降机为例，说明施工升降机操作的一般步骤。

（1）熟悉使用说明书

当接管从未操作过的施工升降机或新出厂第一次使用的施工升降机时，首先须认真阅读该机的使用说明书，了解施工升降机的结构特点，熟悉使用性能和技术参数，掌握操作程序、安全使用规定和维护保养要求。

（2）熟悉操作台面板

通常情况下施工升降机的操作台面板上配有启动、急停、电铃等按钮，安装有操作手柄，可操作吊笼上升、下降，并配有电压表、电源锁、照明开关以及电源、常规、加节指示灯等。施工升降机司机应当按照说明书的内容逐项熟悉并掌握施工升降机的部件、机构、安全装置和操作台以及操作面板上各类按钮、仪表、指示灯的作用。

1）电源锁，打开后控制系统将通电。

2）电压表，可查看供电电压是否稳定。

3）启动按钮按下后主回路供电。

4）操作手柄，控制吊笼向上或向下运行。

5）电铃按钮，按下后发出警示铃声信号。

6）急停按钮，按下后切断控制系统电源。

7）照明开关，控制驾驶室照明。

8）电源指示灯，显示控制电路通断情况。

9）常规指示灯，显示设备处于正常工作状态。

10）加节指示灯，显示施工升降机正处于加节安装工作状态。

（3）施工升降机正常驾驶的步骤

1）依次打开防护围栏门、吊笼门，进入吊笼。

2）确认吊笼内的极限开关手柄置于中间位置，确认操作台上的紧急制动按钮处于打开状态，升降操作手柄置于中间位置。

3）将围栏门上的电源箱的电源开关置于"合"或"ON"位置，接通电源。

4）依次关闭围栏门、吊笼单行门、双行门等。

5）观察电压表，确认电源电压正常稳定。

6）用钥匙打开控制电源。

7）按下启动按钮，使控制电路通电。

8）操作手柄，使施工升降机吊笼运行，进行空载试运转，确认安全限位装置灵敏有效。

（4）施工升降机的使用记录

施工升降机在使用过程中必须认真做好使用记录，使用记录一般包括运行记录、维护保养记录、交接记录和其他内容。

（四）施工升降机常见故障的判断和处置方法

施工升降机在使用过程中发生故障的原因很多，主要是因为工作环境恶劣，维护保养不及时，操作人员违章作业，零部件的自然磨损等多方面原因。施工升降机发生异常时，操作人员应立即停止作业，及时向有关管理人员报告，以便及时处理，消除隐患，恢复正常工作。

施工升降机常见的故障一般分为电气故障和机械故障两大类。

1. 施工升降机电气故障的判断和处置

由于电气线路、元器件、电气设备，以及电源系统等发生故障，造成用电系统不能正常运行的情况，统称为电气故障。作为施工升降机司机熟悉常见电气故障的判断和处置方法，可以消除安全隐患，防止事故发生，减少等待时间，尽快恢复运行。

（1）电气故障的判断

电气故障比较多，有的故障比较直观，容易判断，有的故障比较隐蔽，难以判断。维修人员在对施工升降机进行检查维修时，一般应当遵循以下基本程序，以便于尽快查找故障，确保检修人员安全。

1）在诊断电气系统故障前，维修人员应当认真熟悉电气原理图，了解电气元器件的结构与功能。

2）熟悉电气原理图后，应当对以下事项进行确认：

① 确认吊笼处于停机状态，但控制电路未被断开；

② 确认防坠安全器微动开关、吊笼门开关、围栏门开关等安全装置的触头处于闭合状态；

③ 确认紧急停止按钮及停机开关和加节转换开关未被按下；

④ 确认上、下限位开关完好，动作无误。

3）确认地面电源箱内主开关闭合，箱内主接触已经接通。

4）检查输出电缆并确认已通电，确认从配电箱至施工升降机电气控制箱电缆完好。

5）确认吊笼内电气控制箱电源被接通。

6）将电压表连接在零位端子和电气原理图上所标明的端子之间，检查需通电的部位是否已有电，分端子逐步测试，以排除法找到故障位置。

7）检查操作按钮和控制装置发出的"上""下"指令（电压），确认已被正确地送到电气控制箱。

8）试运行吊笼，确保上、下运行主接触器的电磁线圈通电启动，确认制动接触器被启动，制动器动作。

在上述过程中查找存在的问题和故障。针对照明等其他辅助电路时，也可按上述程序进行故障检查。

（2）施工升降机常见电气故障及排除方法

1）SC 型施工升降机常见电气故障现象、故障原因及排除方法见表 3-4。

SC 型施工升降机常见电气系统故障及排除方法　　表 3-4

序号	故障现象	故障原因	故障诊断与排除
1	下电气箱总电源开关合闸即跳	电缆内部损伤造成相线之间短路或相线对零线短路	找出电缆短路或接地的位置，修复或更换
2	下电气箱总电源开关合闸后漏电保护器跳闸	（1）电缆内部相线与 PE 线接触、限位开关损坏电路短路或对地短接；（2）电气箱内潮湿或电线老旧破损引起漏电	（1）更换损坏的电缆、限位开关电线；（2）烘干开关箱，更换掉老旧的电缆
3	下电气箱总电源接通后，联锁接触器始终无法吸合，电流到不了吊笼内	（1）围栏门联锁开关移位始终被压住；（2）联锁开关连接电缆松脱或被拉扯断；（3）联锁接触器损坏	（1）恢复围栏门联锁开关触杆到正确的位置；（2）检查电缆接头和断点，进行紧固或更换；（3）修复或更换联锁接触器
4	电源正常，按下启动按钮主接触器不吸合	（1）有部分限位开关未复位或急停按钮被按下；（2）相序接错；（3）元件损坏或线路开路断路；（4）热继电器动作后未复位	（1）找到未复位的限位开关将其复位，释放紧急按钮；（2）检查相序保护器是否动作，改变相序连接；（3）查找到损坏的元件或线路故障点进行更换或修复；（4）等待热继电器自动复位
5	启动后操作吊笼不运行	（1）操作杆损坏；（2）联锁电路开路（参见电气原理图）	（1）更换操作杆；（2）关闭门或释放"紧急按钮"；检查联锁控制电路，各接线端子间电路情况应良好

序号	故障现象	故障原因	故障诊断与排除
6	电机启动困难，并有异常响声（嗡嗡响声）	（1）制动器未打开或无直流电压（整流元件损坏）； （2）严重超载； （3）供电电压远低于360V	（1）制动器调得太紧（调整间隙）或恢复直流电压（更换整流元件）制动器电磁线圈断路、整流元件损坏均会导致制动器无法打开，通过检查予以修复； （2）减少吊笼载荷； （3）待供电电压恢复至380V再工作
7	运行时，上、下限位开关失灵	（1）上、下限位开关触杆松动或内部微动开关损坏； （2）上、下限位开关碰块移位； （3）交流接触器触点粘连	（1）调整好触杆位置并锁紧或更换上、下限位开关； （2）恢复上、下限位碰块位置； （3）修复或更换接触器
8	操作时，动作不稳定	（1）线路接触不好或端子接线松动； （2）接触器粘连或复位受阻； （3）操作开关磨损严重	（1）恢复线路接触性能，紧固端子接线； （2）修复或更换接触器； （3）更换操作开关
9	吊笼上、下运行时有自停现象	（1）上、下限位开关接触不良或损坏； （2）严重超载； （3）控制装置（按钮、手柄）接触不良或损坏； （4）门限位开关触杆位置与门框挡块间的自由间隙太小； （5）天窗关闭不紧，吊笼运行时振动严重	（1）修复或更换上、下限位开关； （2）减少吊笼载荷； （3）修复或更换控制装置（按钮、手柄）； （4）调整触杆位置使其与门框挡块间的自由间隙增大（一般要求在门被拉起5cm时触发）； （5）关紧天窗、增大天窗压住天窗限位开关触杆的行程量

序号	故障现象	故障原因	故障诊断与排除
10	接触器易烧毁	（1）供电电源压降太大，启动电流过大； （2）接触器质量差或容量选择太小	（1）缩短供电电源与施工升降机的距离，加大供电电缆截面； （2）选择质量优良的电气元件或加大接触器容量
11	接触器吸合后响声很大	（1）接触器动、静衔铁结合面间有污垢而使衔铁吸合不牢； （2）动衔铁卡滞； （3）接触器线圈的供电电压不足	（1）清洁动、静衔铁结合面间的污垢； （2）清理； （3）检查接触器线圈的供电电压
12	电机过热或热继电器经常动作	（1）制动器工作不同步，或制动器未完全开启； （2）超载或大载荷连续长时间运行； （3）启、制动过于频繁； （4）供电电压过低	（1）调整或更换制动器； （2）减少吊笼载荷或连续运行时间，增加停机时间； （3）适当调整运行习惯； （4）调整供电电压、加大供电电缆截面

2）SS 型施工升降机常见电气系统故障现象、故障原因及排除方法见表 3-5。

SS 型施工升降机常见电气系统故障及排除方法　　　表 3-5

序号	故障现象	故障原因	故障诊断与排除
1	总电源合闸即跳	电路内部损伤，短路或相线接地	查明原因，修复线路
2	电压正常，但主交流接触器不吸合	（1）限位开关未复位； （2）相序接错； （3）电气元件损坏或线路开路断路	（1）限位开关复位； （2）正确接线； （3）更换电气元件或修复线路

序号	故障现象	故障原因	故障诊断与排除
3	操作按钮置于上、下运行位置,但交流接触器不动作	(1)限位开关未复位; (2)操作按钮线路断路	(1)限位开关复位; (2)修复操作按钮线路
4	电机启动困难,并有异常响声	(1)电机制动器未打开或无直流电压(整流元件损坏); (2)严重超载; (3)供电电压远低于360V	(1)恢复制动器功能(调整工作间隙)或恢复直流电压(更换整流元件); (2)减少吊笼荷载; (3)待供电电压恢复至380V时再工作
5	上下限位开关不起作用	(1)上、下限位损坏; (2)限位架和限位碰块移位; (3)交流接触器触点粘连	(1)更换限位; (2)恢复限位架和限位位置; (3)修复或更换接触器
6	电路正常,但操作时有时动作正常,有时动作不正常	(1)线路接触不好或虚接; (2)制动器未彻底分离	(1)修复线路; (2)调整制动器间隙
7	吊笼不能正常起升	(1)供电电压低于380V或供电阻抗过大; (2)超载或超高	(1)暂停作业,恢复供电电压至380V; (2)减少吊笼荷载,下降吊笼
8	制动器失效	电气线路损坏	修复电气线路
9	制动器制动臂不能张开	(1)电源电压低或电气线路出现故障; (2)衔铁之间连接定位件损坏或位置变化,造成衔铁运动受阻,推不开制动弹簧; (3)电磁衔铁铁芯之间间隙过大,造成吸力不足; (4)电磁衔铁铁芯之间间隙过小,造成衔铁与铁芯的撞击、损坏部件	(1)恢复供电电压至380V,修复电气线路; (2)调整电磁衔铁铁芯之间间隙

序号	故障现象	故障原因	故障诊断与排除
10	制动器电磁铁合闸时间迟缓	（1）继电器常开触点有粘连现象； （2）卷扬机制动器没有调好	（1）更换触点； （2）调整制动器

3）变频器常见故障及排除方法

当变频器发生故障时，故障保护继电器动作，变频器检测出故障类型，并在显示器上显示该故障内容（或代码），可根据产品使用说明书对照相应内容和处置方法进行检查维修。若是变频器内部故障，则普通电工无法修复，建议由专业人员维修。施工升降机司机遇到变频器故障后，可按使用说明对变频器进行复位，故障仍然存在的，应该交由专业人员维修。

2. 施工升降机常见机械故障及排除方法

（1）SC 型施工升降机常见机械故障现象、故障原因及排除方法见表 3-6。

SC 型施工升降机常见机械故障及排除方法　　　　表 3-6

序号	故障现象	故障原因	故障诊断与排除
1	吊笼运行时振动过大	（1）导向滚轮连接螺栓松动； （2）齿轮、齿条啮合间隙过大或缺少润滑； （3）导向滚轮与背轮间隙过大	（1）紧固导向滚轮螺栓； （2）调整齿轮、齿条啮合间隙或添注润滑油（脂）； （3）调整导向滚轮与背轮的间隙
2	吊笼启动或停止运行时跳动或振动	（1）电机制动力矩过大； （2）电机与减速箱联轴器内尼龙块（弹性梅花块）磨损严重； （3）齿轮齿条啮合间隙太大	（1）重新调整电机制动力矩； （2）更换联轴器内尼龙块（弹性梅花块）； （3）调整齿轮齿条啮合间隙

序号	故障现象	故障原因	故障诊断与排除
3	吊笼运行时有电机跳动现象	（1）电机固定装置松动； （2）电机橡胶垫损坏或失落； （3）减速箱与传动板连接螺栓松动	（1）紧固电机固定装置； （2）更换电机橡胶垫； （3）紧固减速箱与传动板连接螺栓
4	吊笼运行时有跳动现象	（1）导轨架对接阶差过大或导轨架变形； （2）齿条螺栓松动，对接阶差过大； （3）齿轮严重磨损	（1）调整或更换导轨架； （2）紧固齿条螺栓，调整对接阶差； （3）更换齿轮
5	吊笼运行时有摆动现象	（1）导向滚轮连接螺栓松动或滚轮与导轨架间隙太多； （2）支撑板螺栓松动	（1）紧固导向滚轮连接螺栓或调整间隙； （2）紧固支撑板螺栓
6	制动块磨损过快	（1）制动器止退轴承内润滑不良，不能同步工作； （2）供电电源压降太大，制动器衔铁表面太粗糙	（1）润滑或更换轴承； （2）更换制动器衔铁
7	制动器噪声过大	（1）制动器止退轴承损坏； （2）制动器转动盘摆动	（1）更换制动器止退轴承； （2）调整或更换制动器转动盘
8	减速箱蜗轮磨损过快	（1）润滑油品型号不正确或未按时更换； （2）蜗轮、蜗杆中心距偏移	（1）更换润滑油品； （2）调整蜗轮、蜗杆中心距

序号	故障现象	故障原因	故障诊断与排除
9	吊笼制动时下滑距离过长	电机制动力矩太小	适当调整电机尾端调节套或更换制动块（制动盘）
10	减速器涡轮磨损过快	（1）润滑油品型号不正确或未按时更换； （2）蜗轮蜗杆中心距偏移	（1）更换润滑油品； （2）调整蜗轮蜗杆中心距

（2）SS 型施工升降机常见机械故障现象、故障原因及排除方法见表 3-7。

SS 型施工升降机常见机械故障及排除方法　　表 3-7

序号	故障现象	故障原因	故障诊断与排除
1	曳引钢丝绳打滑	（1）曳引轮绳槽磨损严重； （2）绳槽内有油污	（1）更换曳引轮； （2）清洗绳槽
2	吊笼不能正常起升	（1）冬季减速箱润滑油太稠、太多； （2）制动器未彻底分离； （3）超载或超高； （4）停靠装置插销伸出挂在架体上	（1）更换润滑油； （2）调整制动器间隙； （3）减少吊笼载荷，下降吊笼； （4）恢复插销位置
3	吊笼不能正常下降	（1）断绳保护装置误动作； （2）摩擦副损坏	（1）修复断绳保护装置； （2）更换摩擦副
4	制动器失效	（1）制动器各运动部件调整不到位； （2）机构损坏，使运动受阻； （3）制动衬料或制动轮磨损严重，制动衬料或制动块连接铆钉露头	（1）修复或更换制动器； （2）更换制动衬料或制动轮

序号	故障现象	故障原因	故障诊断与排除
5	制动器制动力矩不足	（1）制动衬料和制动轮之间有油垢； （2）制动弹簧过松； （3）活动铰链处有卡滞的地方或有磨损过度的零件； （4）锁紧螺母松动，引起调整用的横杆松脱； （5）制动衬料与制动轮之间的间隙过大	（1）清理油垢； （2）更换弹簧； （3）更换失效零件； （4）紧固锁紧螺母； （5）调整制动衬料与制动轮之间的间隙
6	制动器制动轮温度过高，制动块冒烟	（1）制动轮径向跳动严重超差； （2）制动弹簧过紧，电磁松闸器存在故障而不能松闸或松闸不到位； （3）制动器机件磨损，造成制动衬料与制动轮之间位置错误； （4）铰链卡死	（1）修复制动轮与轴的配合； （2）调整松紧螺母； （3）更换制动器机件； （4）修复铰链，使其转动灵活
7	制动器制动臂不能张开	（1）制动弹簧过紧，造成制动力矩过大； （2）制动块和制动轮之间有污垢而形成粘边现象	（1）调整松紧螺母； （2）清理污垢
8	吊笼停靠时有下滑现象	（1）卷扬机制动器摩擦片磨损过大； （2）卷扬机制动器摩擦片、制动轮沾油	（1）更换摩擦片； （2）清理油垢
9	正常动作时断绳保护装置动作	制动块（钳）压得太紧	调整制动块滑动间隙
10	吊笼运行时有抖动现象	（1）导轨上有杂物； （2）导向滚轮（导靴）和导轨间隙过大	（1）清除杂物； （2）调整间隙

（五）施工升降机常见事故原因和处置方法

机械设备事故一般包括两个方面：一是机械设备因非正常损坏造成停产或者效能下降，停机时间和经济损失超过一定限额的，称为设备事故，没有超过限额的一般称为故障；二是因为机械设备原因引发的人身伤亡事故。本章节主要分析后一种情形，此处所述的处置方法是指出现事故苗头时或者事故发生后应采取的措施。

1. 施工升降机电气事故的原因和消除方法处置方法

施工升降机由于电气线路、元器件、电气设备、电源系统等因素造成人员伤亡事故主要有以下几种情形。

SC 型施工升降机常见电气事故现象、故障事故原因及排除处置方法见表 3-8。

施工升降机常见电气事故及处置方法　　　　表 3-8

序号	事故现象	事故直接原因	处置方法
1	电缆线破断脱落触及人员身体，造成人员触电	电缆线因大风吹动或跳出导向护圈而卡塞、长期扭转、上升距离太长未使用电缆滑车（垂直段太长未卸荷）、长期使用强度降低等原因而破断	（1）立即切断电源；（2）用干燥的木棍、竹竿等挑开触电者身上的电线；（3）观察触电者神志，进行施救（胸外心脏按压和人工呼吸）
2	设备漏电造成人员触电	（1）潮湿或电线老旧破损引起漏电；（2）漏电保护器失效；（3）防雷接地不符合要求	（1）立即切断电源；（2）观察触电者神志，进行施救（胸外心脏按压和人工呼吸）
3	装运人员在装卸金属构件时触电	金属构件碰破照明灯、电缆线等引起触电	（1）装卸金属构件时注意观察与防护；（2）如已触电按上述 2 项处置

序号	事故现象	事故直接原因	处置方法
4	吊笼冲顶坠落	（1）接触器触点粘连； （2）电气控制线路故障； （3）上限位和上极限损坏	立即按下急停开关、人工拉下极限开关

2. 施工升降机常见机械事故及排除方法

SC 型施工升降机常见机械事故现象、事故原因及排除处置方法见表 3-9。

SC 型施工升降机常见机械事故及排除处置方法　　表 3-9

序号	事故现象	事故直接原因	处置方法
1	吊笼沿导轨架滑落	（1）制动器失灵； （2）传动系统中轴断裂或键切断； （3）涡轮磨损到齿形消失； （4）爬升齿轮脱落	（1）立即启动吊笼下行； （2）滑落严重时等待防坠安全器动作，同时按以下方法进行安全防护： 1）身体微蹲、脚跟抬起、腰部略往前弯、上身前倾； 2）一手护颈一手扶壁； 3）避开吊笼内的不稳固物体
2	吊笼连同标准节坠落	（1）导轨架标准节螺栓缺失； （2）导轨架金属结构有裂纹、开焊； （3）悬臂端太高； （4）附着装置失稳	（1）加节后吊笼先上行到原来的高度，人员从楼层上去检查标准节螺栓是否齐全紧固； （2）加强对金属结构、悬臂端高度、附着装置的检查，发现问题及时整改

（六）紧急情况的处置

在施工升降机使用过程中，有时会发生一些紧急情况，此时司机首先要保持镇静，维持好吊笼内乘员的秩序，采取一些合理有效的应急措施，等待维修人员排除故障，尽可能地避免事故，减少损失。

1. 吊笼运行中断电

吊笼在运行中突然断电时，司机应立即关闭吊笼内控制箱的电源开关，切断电源。紧急情况下可立即拉下极限开关臂杆切断电源，防止突然来电时发生意外。然后与地面或楼层上有关人员联系，判明断电原因，按照以下方法处置。严禁与乘员一起攀爬导轨架、附墙架或防护栏杆等进入楼层，以防坠落造成人身伤害事故。

（1）若短时间停电，可让乘员在吊笼内等待，待接到来电通知后，合上电源开关、经检查机械正常后方可启动吊笼。

（2）若停电时间较长且在层站上时，应及时撤离乘员，等待来电；若不在层面上时，应由专业维修人员手动下降到最近层站撤离乘员，然后下降到地面等待来电。

（3）若因故障造成断电且在层站上时，应及时撤离乘员，等待维修人员检修；若不在层站上时，应由专业维修人员手动下降到最近层站撤离乘员，然后下降到地面进行维修。

（4）若因电缆扯断而断电，应当关注电缆断头，防止有人触电。若吊笼停在层站上时，应及时撤离乘员，等待维修人员检修。若不在层站上时，应由专业维修人员手动下降到最近层站撤离乘员，然后下降到地面进行维修。

2. 吊笼失火

当吊笼在运行途中突然遇到电气设备或货物发生燃烧的情况，司机应立即停止施工升降机的运行，及时切断电源，并用随机备用灭火器来灭火。随后，报告有关部门，抢救受伤人员，撤离所有乘员。

使用灭火器时应注意，在电源未切断之前，应用1211、干粉、二氧化碳等灭火器灭火，待电源切断后，方可用酸碱、泡沫等灭火器及水灭火。

3. 吊笼发生坠落事故

当施工升降机在运行中发生吊笼坠落事故时，司机应保持镇静，及时稳定乘员的恐惧心理和情绪。同时，应告知乘员，将脚跟提起，全身重量由脚尖支持。身体下蹲，并用手扶住吊笼，或抱住头部，以防吊笼因坠落而发生伤亡事故。如吊笼内载有货物，应将货物扶稳，以防倒下伤人。

（1）若安全器动作并将吊笼制停在导轨架上，应及时与地面或楼层上有关人员联系，由专业维修人员登机检查原因。

（2）若因货物超载造成坠落，则应由维修人员对安全器进行复位，随后由司机合上电源，启动吊笼上升约30～40cm使安全器完全复位，之后让吊笼停在距离最近的层站上，卸去超载的货物后，施工升降机方可继续使用。

（3）若因机械故障造成坠落，而一时又不能修复的，应在采取安全措施的情况下，有组织地向最近楼层撤离乘员，之后交由维修人员修理。

在安全器进行机械复位后，须启动吊笼上升一段行程使安全器脱挡，进行完全复位，如立即下降吊笼易发生机械故障。另外，在不能及时修复时，撤离乘员的安全措施必须由项目部专人负责制定和实施。

4. 吊笼越程冲顶

所谓吊笼冲顶是指施工升降机在运行过程中吊笼越过上限位、上极限限位，冲击天轮架，甚至击毁天轮架，使吊笼脱离导轨架从高处坠落。

施工升降机使用过程中，若发生吊笼冲顶事故，司机须镇定应对，防止因乘员慌乱而造成更大的事故后果。

在吊笼的上限位开关碰到限位挡铁时，该位置的上部导轨架应有 1.8m 的安全距离，当发现吊笼越程时，司机应及时按下红色急停按钮，使吊笼停止上升，如不起作用，吊笼继续上升，则极限开关应立即触动碰块关闭，切断控制箱内电源，使吊笼停止上升。用手动下降方法，使吊笼下降，使乘员在最近层站撤离，然后下降吊笼到地面站，交由专业维修人员进行维修。

如吊笼冲击天轮架后停住不动，司机应及时切断电源，稳定乘员的情绪，随后与地面或楼层上有关人员联系，等候维修人员上机检查；如施工升降机无重大损坏，可用手动下降方法，使吊笼下降，使乘员在最近层站撤离，然后下降到地面进行维修。

如吊笼冲顶后，仅靠安全钩悬挂在导轨架上，这种情况最危险，司机和乘员须镇静，严禁在吊笼内乱动、乱攀爬，以免吊笼翻出导轨架造成坠落事故。司机应及时向其他人员发出求救信号，等待救援人员施救。救援人员应根据现场情况，尽快采取最安全和最有效的应急方案，在有关方面统一指挥下，有序地进行施救。救援过程中须先固定住吊笼，随后撤离人员。救援人员应动作轻，尽量保持吊笼的平稳，避免受到过度冲击或振动，使救援工作稳步有序进行。

5. 对重出轨

所谓对重出轨是指带对重的施工升降机在运行的过程中对重体冲出对重轨道，若发生此类情形，司机应当冷静对待，发现时及时停机，停机后第一时间撤离吊笼内人员，切断电源，随后通知维修人员。

6. 制动失灵，吊笼下滑

在吊笼下行的过程中，吊笼可能会产生下滑的情形，主要情况如下：

（1）吊笼带载向下运动，在停层时产生下滑，如下滑的距离不大，则一般是由吊笼制动器制动力矩不够造成。

（2）吊笼带载向下运动，在停层时产生下滑且速度呈现加速情形，则可能是制动失灵或传动系统故障，此时司机应当冷静，及时接通电源，启动并向下运行。

（3）当吊笼严重滑落应等待防坠安全器动作，同时按以下方法进行安全防护：

1）身体微蹲、脚跟抬起、腰部略往前弯、上身前倾；

2）一手护颈一手扶壁；

3）避开吊笼内的不稳固物体。

7. 粘连

接触器粘连，吊笼不受控制持续上行，司机应当冷静处置，第一时间做出反应，首先应按下急停开关、切断控制电路，在吊笼仍不停止时拉下极限开关手柄切断动力电源。

四、练 习 题

(一) 判断题

1. 〔初级〕力对物体的作用效果取决于三个要素，即力的大小、力的方向和力的作用距离。

2. 〔初级〕物体处于平衡状态有两种，即静止状态和匀速圆周运动状态。

3. 〔初级〕物体所受的合力就是作用在物体上的力相加。

4. 〔初级〕施工升降机齿轮齿条传动失效的主要形式是齿面磨损和齿根折断。

5. 〔初级〕施工升降机上用的高强度螺栓与普通螺栓的区别在于螺栓尺寸更大。

6. 〔初级〕键是用于轴和轴上零件之间传递扭矩的构件。

7. 〔初级〕施工升降机按使用用途可分为货用施工升降机和人货两用施工升降机。

8. 〔初级〕防坠安全器制动载荷指的是有效制动停止的最大载荷。

9. 〔初级〕层门的开、关过程可由层站内乘员操作。

10. 〔初级〕吊笼顶设有高度不小于 1.10m 的防护栏。

11. 〔初级〕SS 型货用施工升降机严禁超载且不允许搭载人员。

12. 〔初级〕升降机运行至最上层时仍要操作按钮，严禁以行程上限位开关自动碰撞的方法停车。

13. 〔初级〕安装吊杆使用时不允许超载但允许斜吊使用。

14. 〔初级〕施工升降机司机在工作中可不佩戴安全帽。

15. 〔初级〕司机在操作吊笼运行时，遇到操作开关失灵，必须立即将急停开关按下。

16. 〔初级〕施工升降机司机中途不得擅自离开吊笼，必须离开时，应将吊笼停到最底层，可不必关闭电源总开关和锁好吊笼门。

17. 〔初级〕施工升降机每班首次载重运行时，必须从最底层上升，严禁自上而下，当吊笼离地 1～2m 时，应停车并试验制动器的可靠性。

18. 〔初级〕施工升降机应定期检查上、下限位开关和极限开关动作是否正常灵敏，碰块位置是否正确，安装是否牢固。

19. 〔初级〕施工升降机驾驶操作人员应当年满 18 周岁、具备初中以上文化水平。

20. 〔初级〕施工升降机驾驶操作人员每年须进行一次身体检查，矫正视力不低于 5.0，没有色盲、听觉障碍、心脏病、贫血、美尼尔症、癫痫、眩晕、突发性昏厥、断指等妨碍起重作业的疾病和缺陷。

21. 〔初级〕施工升降机首次取得证书的人员实习操作不得少于三个月。否则，不得独立上岗作业。

22. 〔初级〕施工升降机驾驶人员必须按规定进行操作证的复审，到期未经复审或复审不合格的人员，不得继续独立操作施工升降机。

23. 〔初级〕施工升降机驾驶人员每年应当参加不少于 24h 的安全生产教育。

24. 〔初级〕施工升降机基础周围应有排水设施，基础四周 5m 内不得开挖沟槽，30m 范围内不得进行对基础有较大振动的施工。

25. 〔初级〕施工升降机在吊笼地面出入口处应搭设防护棚，其纵距必须大于出入口的宽度，其横距应满足高处作业物体坠落的半径范围要求。

26. 〔初级〕施工升降机每次作业前不用检查吊笼和对重运行范围内有无障碍物等。

27. 〔初级〕施工升降机启动前应当进行空载运行，检查上、下限位开关、极限开关及其碰铁是否有效、可靠、灵敏。

28. 〔初级〕施工升降机司机在工作时间内不得擅自离开工作岗位。必须离开岗位时，应将吊笼停在地面站台，把吊笼门关闭上锁，将钥匙取走，并挂上有关告示牌。

29. 〔初级〕如有人在导轨架上或附墙架上作业时，不得开动施工升降机，当吊笼升起时严禁有人进入地面防护围栏内。

30. 〔初级〕施工升降机吊笼启动前不一定每次都鸣铃示意。

31. 〔初级〕施工升降机运行到最上层和最下层时，可以用碰撞上、下限位开关自动停车来代替正常驾驶。

32. 〔初级〕驾驶施工升降机时，必须用手操作手柄开关或按钮开关，不得用身体其他部位代替手来操作。严禁利用物品吊在操作关上或塞住控制开关，开动施工升降机上下行驶。

33. 〔初级〕施工升降机在运行时，可以进行揩拭、清洁、润滑并修理零部件。

34. 〔初级〕施工升降机向上行驶至最上层站时，应注意及时停止行驶，以防吊笼冲顶。

35. 〔初级〕如发现施工升降机运行中有异常情况，应立即停机检查。

36. 〔初级〕施工升降机在大雨、大雾和大风时（风速超过20m/s时），应停止运行，并将吊笼降到地面站台，切断电源。暴风雨后应对施工升降机各安全装置进行一次检查。

37. 〔初级〕如在吊笼门和防护围栏门没有关闭的情况下，吊笼仍能启动运行，应立即停止使用，进行检修。

38. 〔初级〕施工升降机在正常运载条件、正常行驶速度下，防坠安全器发生动作而使吊笼制动时，应由专业维修人员及时检修。

39. 〔中级〕施工升降机由金属结构、驱动装置、安全装置和控制系统组成。

40. 〔中级〕额定提升速度小于 0.7m/s 的施工升降机，应设有吊笼上下运行减速挡块。

41.〔中级〕防坠安全器是非电气、气动和手动控制的防止吊笼或对重坠落的机械式安全保护装置。

42.〔中级〕防坠安全器出厂后，动作速度不得随意调整。

43.〔中级〕超载限制器不是施工升降机超载运行的安全装置。

44.〔中级〕施工升降机运载的货物若伸出吊笼或紧急出口外，则派安全员在现场监护即可开机运行。

45.〔中级〕运载散状货物时应装入容器、进行捆绑或使用织物袋包装，堆放时应使载荷分布均匀。

46.〔中级〕当吊笼意外超速下降时，防坠安全器可将吊笼平稳制停在导轨架上，并切断施工升降机控制电路电源。

47.〔中级〕施工升降机防坠安全器动作后，应立即将其复位，尽快恢复吊笼的运行。

48.〔中级〕施工升降机主要由以下零部件：金属结构（包括导轨架、吊笼、地面防护围栏、底架、附墙架等）、驱动装置、控制系统、安全装置等组成。

49.〔中级〕施工升降机标准节的截面一般有方形、三角形等，常用的是三角形。

50.〔中级〕施工升降机标准节连接螺栓可以采用 4.8 级螺栓进行连接。

51.〔中级〕导轨架高度为 80m 的施工升降机垂直度最大偏差允许达到 80mm。

52.〔中级〕SCD 型施工升降机导轨架允许阶差与对重导轨允许阶差均为 0.5mm。

53.〔中级〕施工升降机标准节只要是原制造单位生产的，可以不用标注出厂时间。

54.〔中级〕施工升降机标准节主弦杆直线度误差达到 5‰时标准节可以正常使用。

55.〔中级〕施工升降机附着杆水平倾角不大于 10°。

56. 〔中级〕施工升降机运动部件与除登机平台以外的建筑物和固定施工设备之间的距离不应小于 0.2m。

57. 〔中级〕当施工升降机导轨架自由端高度超过最大允许高度时应架设附着装置。

58. 〔中级〕施工升降机附墙架连接螺栓为不低于 8.8 级的高强度螺栓，其紧固件的表面不得有锈斑、碰撞凹坑和裂纹等缺陷。

59. 〔中级〕吊笼底板应能防滑、自排水，在 0.1m×0.1m 区域内能承受静载 2.5kN 或 25％的额定载重量（取两者中较大值，且最大不超过 3kN）而无永久变形。

60. 〔中级〕吊笼门开口净高度不得小于 2m，净宽度不得小于 0.6m，且任何位置能承受 300N 的推力。

61. 〔中级〕层门的净宽度与吊笼进出口宽度之差不得大于 120mm，层门的底部与卸料平台的距离不应大于 50mm，层门不能凸出到吊笼的升降通道上。

62. 〔中级〕高度降低的层门的高度不应小于 1.1m。层门与正常工作的吊笼运动部件的安全距离不应小于 0.85m，如果额定提升速度不大于 0.7m/s 时，安全距离可为 0.5m。

63. 〔中级〕层门应与吊笼的电气或机械联锁，当吊笼底板离某一卸料平台的垂直距离在±0.3m 以内时，该平台的层门方可打开。

64. 〔中级〕人货两用施工升降机悬挂对重的钢丝绳不得少于两根，且相互独立。

65. 〔中级〕当 SCD 型施工升降机吊笼底部碰到缓冲弹簧时，对重上端离天轮架的下端应有 500mm 的安全距离。

66. 〔中级〕当吊笼上升到施工升降机上部，碰到上限位挡板，吊笼停止运行时，吊笼的顶部与天轮架的下端应有 1.8m 的安全距离。

67. 〔高级〕人货两用施工升降机通常采用曳引机传动，其提升速度不大于 0.63m/s，也可采用卷扬机传动。

68. ［高级］当钢丝绳式货用施工升降机的高度不超过 30m 时，允许用缆风绳替代附墙架来稳固架体。

69. ［高级］下电气箱总电源开关合闸即跳，表明施工升降机电缆线内部被拉断了。

70. ［高级］制动器未打开、严重超载、电源电压太低都有可能造成电机启动不了，而发出"嗡嗡"声。

71. ［高级］天轮架滑轮的名义直径与钢丝绳直径之比不应小于 30。

（二）单选题

1. ［初级］（　　）方式是齿轮齿条式施工升降机的传动方式。

　A. 直齿圆柱齿轮传动

　B. 齿轮齿条传动

　C. 涡轮蜗杆传动

　D. 直齿圆锥齿轮传动

2. ［初级］施工升降机最后一道附着以上，能保证施工升降机安全作业的架设高度称为（　　）高度。

　A. 自由端　　　　　　　　　B. 独立

　C. 附着　　　　　　　　　　D. 架设

3. ［初级］下面哪个螺栓等级（　　）不属于高强度螺栓。

　A. 5.8　　　　　　　　　　B. 8.8

　C. 9.8　　　　　　　　　　D. 10.9

4. ［初级］（　　）滑轮只能改变绳索的受力方向，而不能改变绳索的速度，也不能省力。

　A. 定滑轮　　　　　　　　　B. 动滑轮

　C. 滑轮组　　　　　　　　　D. 单门滑轮

5. ［初级］施工升降机按其传动形式可分为：齿轮齿条式、钢丝绳式和（　　）三种。

　A. 普通驱动式　　　　　　　B. 混合式

　C. 变频驱动式　　　　　　　D. 液压驱动式

6. ［初级］施工升降机由金属结构、驱动装置、（　　）和控制系统组成。

A. 安全装置　　　　　　　　B. 电气系统

C. 附着装置　　　　　　　　D. 电缆导向装置

7. ［初级］SS 型曳引式施工升降机按钢丝绳穿绕不同可分为开式和（　　）。

A. 外吊笼式　　　　　　　　B. 内吊笼式

C. 闭式　　　　　　　　　　D. 卷扬式

8. ［初级］（　　）作用是防止吊笼脱离导轨架或防坠安全器主轴齿轮脱离齿条导致吊笼倾翻。

A. 限位挡块　　　　　　　　B. 防脱挡块

C. 围栏门机械锁钩　　　　　D. 安全钩

9. ［初级］附着装置是按一定间距连接导轨架与建筑物或其他固定结构，从而支撑升降机整体结构的稳定，防止失稳倾覆的重要构件，其附墙方式一般分为：（　　）和间接附墙式。

A. 穿墙锚固式　　　　　　　B. 焊接式

C. 预埋式　　　　　　　　　D. 直接附墙式

10. ［初级］混合式施工升降机可用（　　）表示。

A. SH 型施工升降机

B. SS 型施工升降机

C. SC 型施工升降机

D. SCD 施工升降机

11. ［初级］SS 型施人货两用工升降机对重系统由对重架、（　　）、导轮、缓冲弹簧等组成。

A. 安装滑车　　　　　　　　B. 防断绳销

C. 对重块　　　　　　　　　D. 滑块

12. ［初级］首次取证的施工升降机司机必须通过不少于（　　）的实习，才能独立上岗操作。

A. 24 小时　　　　　　　　　B. 一个月

C. 三个月　　　　　　　　　D. 一年

13. ［初级］施工升降机使用必须遵循"三定"岗位责任制，以下哪项不属于"三定"内容（   ）。

　　A. 定操作人员　　　　　　　B. 定工作时间

　　C. 定机械设备　　　　　　　D. 定操作岗位

14. ［初级］启动施工升降机吊笼前，司机要先（   ）。

　　A. 开灯　　　　　　　　　　B. 鸣铃

　　C. 戴安全帽　　　　　　　　D. 加润滑油

15. ［初级］施工升降机的保养一般不包括（   ）的作业内容。

　　A. 齿轮箱加润滑油　　　　　B. 调整刹车

　　C. 更换齿轮　　　　　　　　D. 标准节刷油漆

16. ［初级］施工升降机司机在检查电源电压时，记录了下列一组电压值，其中（   ）不符合施工升降机开机要求。

　　A. 395V　　　　　　　　　　B. 380V

　　C. 365V　　　　　　　　　　D. 350V

17. ［初级］施工升降机导轨架上部安全距离不得少于（   ），同时导轨架悬臂端高度不能超过附着间距。

　　A. 1.1m　　　　　　　　　　B. 1.8m

　　C. 3m　　　　　　　　　　　D. 4.5m

18. ［中级］（   ）不属于钢丝绳的报废情形。

　　A. 绳股断裂　　　　　　　　B. 绳径减小

　　C. 外部及内部腐蚀　　　　　D. 钢丝绳出现断丝

19. ［中级］由三相频率相同，电势振幅相等、相位互差（   ）角的交流电路的电力系统，叫三相交流电。

　　A. 60°　　　　　　　　　　　B. 120°

　　C. 100°　　　　　　　　　　D. 180°

20. ［中级］（   ）不属于施工升降机安全装置。

　　A. 防坠安全器　　　　　　　B. 进出料门机械连锁

　　C. 上下限位开关　　　　　　D. 回转限位

21. ［中级］如下图所示为施工升降机（   ）机械联锁装置。

A. 单开门   B. 双开门

C. 围栏门   D. 紧急出口

22. ［中级］如下图所示为施工升降机(　　)装置。

A. 缓冲   B. 减震

C. 驱动   D. 导向

23. ［中级］图中所示被称为施工升降机最后一道生命线，该装置是(　　)。

A. 超载保护器   B. 防坠安全器

C. 驱动装置   D. 急停开关

24．［中级］（　　　）在导体内的定向移动叫作电流。

A．电量　　　　　　　　　　B．电势

C．电荷　　　　　　　　　　D．电压

25．［中级］施工升降机每次安装后，必须进行额定载荷的坠落试验，以后至少每（　　　）进行一次额定载荷的坠落试验。

A．一个月　　　　　　　　　B．三个月

C．半年　　　　　　　　　　D．一年

26．［中级］导轨架的标准节不可以采用（　　　）等级螺栓连接。

A．6.8 级　　　　　　　　　B．8.8 级

C．10.9 级　　　　　　　　D．12.9 级

27．［中级］吊笼进出料门开启高度不小于（　　　）。

A．1.5m　　　　　　　　　B．1.6m

C．1.8m　　　　　　　　　D．2.0m

28．［中级］升降机的电气系统主要包括（　　　）、控制回路等。

A．主回路　　　　　　　　　B．次回路

C．辅助回路　　　　　　　　D．混合回路

29．［中级］在正常工作状态下吊笼下极限开关碰到挡块前，（　　　）开关应先动作。

A．上限位　　　　　　　　　B．下限位

C．上减速限位　　　　　　　D．防冲顶限位

30．［中级］施工升降机装载一个较重的货物时，应将货物

放置在吊笼( )。

  A. 靠近进料口的位置   B. 靠近出料口的位置

  C. 靠近导轨架的位置   D. 靠近驾驶室的位置

  31. 〔中级〕施工升降机减速器一般每旬应( )。

  A. 涂刷一次黄油

  B. 涂淋一次机油

  C. 更换一次机油

  D. 检查油面高度、并视情况添加或更换机油

  32. 〔中级〕从施工升降机吊笼上卸料后，司机未关好吊笼门是( )的可能原因。

  A. 吊笼冲顶   B. 吊笼下滑

  C. 电机发热   D. 吊笼不能上下运行

  33. 〔中级〕施工升降机标准节主弦杆直线度误差超过( )时应当予以报废处理。

  A. $1‰$ B. $1.5‰$

  C. $2.5‰$ D. $3‰$

  34. 〔中级〕SCD 型施工升降机对重导轨平行度不得超过( )，超过时应当予以修复或报废处理。

  A. 0.5mm   B. 1mm

  C. 1.5mm   D. 不作要求

  35. 〔中级〕施工升降机标准节主弦杆壁厚腐蚀及磨损尺寸占原壁厚尺寸百分比超过( )时应当报废处理。

  A. 5%   B. 10%

  C. 20%   D. 25%

  36. 〔中级〕施工升降机附墙架水平夹角不得超过( )。

  A. 5°   B. 6°

  C. 7°   D. 8°

  37. 〔中级〕施工升降机导轮壁厚磨损超过( )时应当报废。

  A. 1mm   B. 1.5mm

C. 2mm   D. 2.5mm

38. [中级] 施工升降机的地面防护围栏设置高度应不低于
(   )m，围栏门的开启高度不低于(   )m。

A. 1.8 1.8   B. 1.8 2

C. 2 1.8   D. 2 2

39. [中级] 人货两用施工升降机悬挂对重的钢丝绳直径不
应小于(   )mm，其安全系数不低于(   )。

A. 6 6   B. 6 8

C. 8 6   D. 8 8

40. [中级] 施工升降机吊笼的顶部与天轮架的下端应有
(   )m 的安全距离。

A. 0.5   B. 1

C. 1.5   D. 1.8

41. [中级] SCD 型施工升降机天轮架滑轮的名义直径与钢
丝绳直径之比不应小于(   )。

A. 10   B. 20

C. 30   D. 40

42. [中级] 看图识物，下图中 5 为何种施工升降机部件(   )。

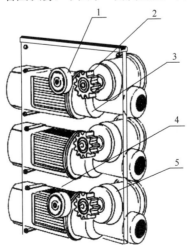

A. 背靠轮   B. 驱动齿轮

C. 联轴器   D. 减速器

43. 〔高级〕调整滚轮的偏心轴使侧滚轮与导轨架立柱管之间的间隙为(　　)左右。

A. 0. 3mm   B. 0. 4mm

C. 0. 5mm   D. 1. 0mm

44. 〔高级〕SS 型货用施工升降机缆风绳所用材料为(　　)。

A. 麻绳   B. 钢丝绳

C. 橡胶绳   D. 塑料绳

45. 〔高级〕施工升降机安装高度 60m 时，导轨架与地面的垂直偏差值不得超过(　　)。

A. 60mm   B. 70mm

C. 90mm   D. 110mm

46. 〔初级〕以下哪项内容不属于司机必须记录的项目(　　)。

A. 运行记录   B. 交接班记录

C. 维修记录   D. 日常保养记录

47. 〔高级〕施工升降机频繁启动是导致(　　)的可能原因。

A. 吊笼冲顶   B. 吊笼下滑

C. 电机发热   D. 摩擦力增大、能耗增加

48. 〔高级〕超载保护装置的作用是当吊笼载荷接近或达到额定载荷的(　　)时，报警器发出连续声响，此时吊笼不能启动。

A. 90%   B. 105%

C. 110%   D. 120%

49. 〔高级〕施工升降机金属结构和电气设备金属外壳均应接地，且接地电阻不应大于(　　)Ω。

A. 4   B. 6

C. 8   D. 10

50. ［高级］电源电压值与施工升降额定电压值偏差超过±（　　）％不得使用施工升降机。

A. 5　　　　　　　　　　　　B. 10

C. 15　　　　　　　　　　　D. 20

51. ［高级］电机制动摩擦片磨损严重是导致施工升降机（　　）的可能原因。

A. 吊笼冲顶　　　　　　　　B. 吊笼下滑

C. 电机发热　　　　　　　　D. 摩擦力增大、能耗增加

52. ［高级］键主要用来实现轴和轴上零件之间的周向固定以传递（　　）。

A. 弯矩　　　　　　　　　　B. 力

C. 扭矩　　　　　　　　　　D. 速度

53. ［高级］用钢丝绳绳夹固定绳端时，用螺母将 U 型螺栓拧紧，但要适度，直至把钢丝绳压扁约（　　）为止。

A. 1/3～1/2　　　　　　　　B. 1/4～1/3

C. 1/5～1/4　　　　　　　　D. 1/6～1/5

54. ［高级］钢材的疲劳破坏属于一种（　　）。

A. 刚性破坏　　　　　　　　B. 柔性破坏

C. 脆性破坏　　　　　　　　D. 塑性破坏

55. ［高级］焊缝质量检验一般可用外观检查及内部无损检验，下面目前哪一种不是内部无损检验（　　）。

A. 超声波检验　　　　　　　B. 磁粉检验

C. 荧光检验　　　　　　　　D. β 射线

56. ［高级］下面哪个（　　）不是安全电压的等级。

A. 48V　　　　　　　　　　B. 36V

C. 24V　　　　　　　　　　D. 12V

57. ［高级］电力系统中以"kW·h"作为（　　）的计量单位。

A. 电压　　　　　　　　　　B. 电能

C. 电功率　　　　　　　　　D. 点位

58. ［高级］下列（   ）不属于起重机械上所使用的继电器。

A. 时间继电器 　　　　　　　B. 过电流继电器

C. 交流接接触器 　　　　　　D. 欠电流继电器

（三）多选题

1. ［初级］（   ）会影响钢材的脆性破坏。

A. 低温的影响

B. 应力集中的影响

C. 加工硬化（残余应力）的影响

D. 焊接的影响

E. 热处理的影响

2. ［初级］钢结构的连接常见方法有（   ）等。

A. 焊缝连接 　　　　　　　　B. 螺栓连接

C. 铆钉连接 　　　　　　　　D. 扣件连接

E. 化学螺栓连接

3. ［初级］在使用中的施工升降机遭遇（   ）后，应由专业人员全面检查，确认无异常情况后，方可投入使用。

A. 高温天气 　　　　　　　　B. 强台风侵袭

C. 洪水浸泡 　　　　　　　　D. 暴风雨天气

E. 大雾天气

4. ［初级］在检查施工升降机时，下列（   ）情形下吊笼应不能启动。

A. 打开围栏门 　　　　　　　B. 打开吊笼门

C. 打开驾驶室窗 　　　　　　D. 打开紧急出口

E. 打开电气箱门

5. ［初级］电路的工作状态有（   ）。

A. 通路 　　　　　　　　　　B. 开路（断路）

C. 短路 　　　　　　　　　　D. 回路

E. 支路

6. ［初级］交流电动机可分为（   ）。

A. 三相电动机 　　　　　　　B. 串励、复励电动机

C. 单相电动   D. 两相电动机

E. 复励电机

7. ［初级］施工升降机的型号由类、（　　）、（　　）、（　　）主要参数和（　　）组成。

A. 组   B. 型

C. 特性   D. 变型代号

E. 制造年份

8. ［中级］导体的电阻与导体的（　　）有关。

A. 导体的长度   B. 导体的横截面积

C. 导体的电阻率   D. 导体的形状

E. 导体的温度

9. ［中级］SS 型人货两用施工升降机，每个吊笼应设置兼有（　　）和（　　）双重功能的防坠安全装置。

A. 断绳保护装置   B. 限速

C. 停层保护装置   D. 限载装置

E. 防冲顶装置

10. ［中级］防坠安全器只能在有效的标定期内使用，有效检验标定期限不应超过（　　）年，防坠安全器使用寿命为（　　）年。

A. 1   B. 2

C. 3   D. 4

E. 5

11. ［中级］从施工升降机吊笼上卸料后，司机应在（　　）后，才能将吊笼驶离平层位置。

A. 关好楼层层门   B. 锁好停层保护装置

C. 关好吊笼门   D. 鸣铃示意

E. 打开照明开关

12. ［中级］施工升降机使用过程中，运载（　　），堆放时应使荷载分布均匀。

A. 货物的尺寸不应超过吊笼界限

B. 散状货物应装入容器或使用织物袋包装

C. 条状货物应进行捆绑

D. 溶化沥青、强酸、强碱、易燃物品等特殊物料应采取安全措施

E. 货物时不得同时运载搬运人员以外的其他人员

13. ［中级］下列情况中属于施工升降机运行时的异常情况必须立即停机检查的有：（　　　）。

A. 有撞击声　　　　　　　　　B. 有烧焦的气味

C. 电风扇不转　　　　　　　　D. 吊笼突然严重晃动

E. 减速箱突然大量漏油

14. ［高级］SS 型货用施工升降机吊笼安装高度小于（　　　）时，可以不封顶且立面高度不应低于（　　　）。

A. 30m　　　　　　　　　　　　B. 50m

C. 1.5mm　　　　　　　　　　　D. 1.8mm

E. 2.5m

15. ［高级］导向装置是施工升降机的可选配件，工地及使用单位会根据现场环境（如导轨架安装高度）为施工升降机选择对应合适的电缆导向装置，常见的电缆导向装置有（　　　）。

A. 电缆筒　　　　　　　　　　B. 电缆小车

C. 电缆滑车　　　　　　　　　D. 电缆滑触线

E. 电缆护圈

16. ［高级］施工升降机启动困难的可能原因是（　　　）。

A. 制动器没有打开　　　　　　B. 严重超载

C. 电压太低　　　　　　　　　D. 按钮损坏

E. 电机缺相

17. ［高级］防坠安全器按其制动特点可分为（　　　）两种形式。

A. 渐进式　　　　　　　　　　B. 瞬时式

C. 齿轮锥鼓式　　　　　　　　D. 钢丝绳式

E. 挂钩式

18. ［高级］施工升降机电机过热可由( )造成。

A. 制动器工作不同步 B. 长时间超载运行

C. 启制动过于频繁 D. 供电电压过低

E. 电动机散热过大

19. ［高级］施工升降机制动器失效由( )造成。

A. 制动器各运动部件调整不到位

B. 机构损坏，使运动受阻

C. 制动衬料或制动轮磨损严重

D. 制动衬料或制动块连接铆钉露头

E. 制动器线圈绕组短路或断路

20. ［高级］下列施工升降机紧急情况处置不正确的
有( )。

A. 接触器黏连，吊笼不受控制持续上行时操作人员应当按
下急停开关，切断控制电路；如继续上行可拉下极限开
关，切断动力电源

B. 吊笼带载向下运动，在停层时产生下滑，且下滑距离不
大，一般是制动力矩不足造成的，调整制动器即可

C. 吊笼带载向下运动，在停层时产生下滑且速度呈现加速
情形时操作人员应当首先按下急停开关，如继续下滑应
当拉下极限开关切断动力电源

D. SC 型施工升降机吊笼向下运行过程中安全防坠器动作，
操作人员应当立即对施工升降机进行全面检查，确认无
误后将安全防坠器复位后投入使用

E. 施工升降机运行过程中遇到突然停电，司机在确认停电
时间较长后，应先关闭电源，根据吊笼所处的位置，组
织笼内人员从本楼层防护门处撤离或通过施工升降机紧
急出口从上一层的楼层防护门处有序撤离

21. ［高级］施工升降机越程冲顶后下列紧急处置正确的
是( )。

A. 在吊笼的上限位开关碰到限位挡铁时，该位置的上部导

轨架应有 1.8m 的安全距离，当发现吊笼越程时，司机应及时按下红色急停按钮，让吊笼停止上升

B. 如按下急停开关后吊笼仍继续上升，则应立即拉下极限开关，切断动力电源，使吊笼停止上升；并用手动下降方法，使吊笼下降，让乘员在最近层站撤离

C. 当吊笼冲击天轮架后停住不动时，司机应及时切断电源，稳住乘员的情绪，随后与地面或楼层上有关人员联系，等候维修人员检查处理

D. 当吊笼冲顶后，仅靠安全钩悬挂在导轨架上时，此种情况最为危险，司机和乘员须镇静，严禁在吊笼内乱动、乱攀爬，以免吊笼翻出导轨架而造成坠落事故。司机应及时向其他人员发出求救信号，等待救援人员施救

E. 施工升降机冲顶后，可以打开吊笼门，用一块跳板架在吊笼和建筑物之间，人员通过跳板迅速逃到建筑物内

22.〔高级〕如施工升降机在运行时发生火灾，在未切断电源时可以使用（ ）进行灭火。

A. 1211 灭火器　　　　　　B. 干粉灭火器

C. 二氧化碳灭火器　　　　D. 泡沫灭火器

E. 水

23.〔高级〕当施工升降机吊笼发生坠落时下列处理正确的有（ ）。

A. 司机保持镇静，及时稳定乘员的恐惧心理和情绪

B. 吊笼内人员将脚跟提起，使全身重量由脚尖支持。身体下蹲，并用手扶住吊笼，或抱住头部

C. 吊笼内人员身体下蹲，并用手扶住吊笼，或抱住头部

D. 吊笼内载有货物，将货物扶稳

E. 在坠落的初始阶段，司机应立即启动吊笼向下运行

24.〔高级〕施工升降机吊笼运行时有抖动现象，可由下列哪些原因造成（ ）。

A. 制动力矩不足

B. 导轮上有杂物

C. 供电电压过低

D. 滚轮与导轨架立柱间隙过大

E. 导轨架局部变形或标准节拼接处的错位偏差太大

（四）案例题

1. A 检测公司对甲工地上一台额定提升速度为 45m/min，首次安装高度为 27m，有三道附着装置的 SC 型施工升降机进行首检。检测员对导轨架垂直度进行测量发现：正面垂直度测量值为向左偏差，值为 30mm，侧面垂直度测量值为向左偏差，值为 20mm。

（1）判断题

1）［初级］附着装置是按一定间距连接导轨架与建筑物或其他固定结构，从而支撑升降机整体结构的稳定，防止失稳倾覆的重要构件。

2）［中级］正面垂直度偏差值为 30mm，侧面垂直度偏差值为 20mm 符合导轨架垂直度偏差值要求。

（2）单选题

1）［中级］额定提升速度是吊笼装载额定载重量，在额定功率下稳定上升的（　　）。

A. 加速度　　　　　　　　B. 设计速度

C. 最大速度　　　　　　　D. 最小速度

2）［高级］额定提升速度为 45m/min 的施工升降机不可采用标定动作速度为（　　）的防坠安全器。

A. 0.95m/s　　　　　　　B. 1.0m/s

C. 1.15m/s　　　　　　　D. 1.4m/s

（3）多选题

［高级］SC 型施工升降机的安全装置包括（　　）。

A. 防坠安全器　　　　　　B. 超载保护装置

C. 安全限位装置　　　　　D. 机械联锁装置

E. 防松绳开关

2. A 项目部要求施工升降机司机每天上班时必须对施工升降机进行安全检查和日常保养，司机必须从哪些方面做好这项工作？

（1）判断题

1）〔初级〕每天上班时必须检查吊笼和对重运行通道上有无外露的钢管、钢筋、模板、木条等障碍物。

2）〔初级〕安全防坠器每年经过检定后，日常可以不检查。

（2）单选题

1）〔初级〕检查对重钢丝绳时发现有局部断丝现象，在一捻距（约 6 倍钢丝绳直径）范围内断丝数达到（   ）处及以上时必须更换该钢丝绳。

A. 3   B. 5

C. 7   D. 10

2）〔中级〕检查超载保护装置时，下列哪种情形属于正常现象（   ）。

A. 显示屏无显示

B. 显示的数值始终不变

C. 显示的数值时大时小

D. 吊笼上行时显示的数值略变大，下行时略变小

（3）多选题

〔高级〕施工升降机班前检查过程一般遵循（   ）、循序进行、认真细致的原则，这样检查才能全面，不会遗漏，能够尽早发现安全隐患，防止事故发生。

A. 先易后难   B. 先上后下

C. 先外后里   D. 先静后动

E. 先轻后重

3. 某租赁公司将 4 台施工升降机租给 B 项目部，按照当地行业管理规定，租赁公司必须对出租的施工升降机进行定期安全检查和维护保养，试从以下几个方面回答问题：

（1）判断题

1）〔初级〕定期保养一般以维修人员为主，司机配合进行。

2）［初级］定期保养可以分为旬保养、月保养、季保养，也可以分为月保养、季保养、年保养。

（2）单选题

1）［中级］检查时发现某个滚轮外表沾满润滑脂和灰尘，据此现象检查人员应该判断该滚轮与导轨架的间隙调整（　　）。

A. 太松 　　　　　　　　　　B. 太紧

C. 恰当 　　　　　　　　　　D. 无法判断

2）［中级］检查齿条的磨损量可用（　　）测量。

A. 游标卡尺 　　　　　　　　B. 齿厚游标卡尺

C. 千分尺 　　　　　　　　　D. 公法线千分尺

（3）多选题

1）［中级］维保人员对 4 台施工升降机的爬升齿轮进行检查，用公法线千分尺测量了齿轮的齿间距（二齿间公法线长度），数值分别记录为如下，其中（　　）齿轮必须报废更换。

A. 35.5mm 　　　　　　　　B. 35.7mm

C. 35.9mm 　　　　　　　　D. 37.0mm

E. 37.1mm

2）［高级］司机在开机运行过程中，检查人员用手拉起吊笼门，施工升降机吊笼仍然继续运行，此现象说明施工升降机（　　）。

A. 操作开关失灵 　　　　　　B. 门锁止装置失效

C. 门限位开关失效 　　　　　D. 极限开关失效

E. 上下限位开关失效

4. 2018 年 7 月，A 工地安装一台 2012 年 6 月出厂的 SCD 型施工升降，该施工升降机标准节主弦杆采用 ϕ76mm 的圆管（圆管壁厚为 10mm），安装时该施工升降机安全防坠器出厂时间为 2013 年 6 月，最后一次标定时间为 2017 年 9 月，安装后经过安装单位自检合格后投入使用。

（1）判断题

1）［初级］施工升降机经过安装单位自检后，只要自检合格即可投入使用。

2）〔初级〕施工升降机安全防坠器有效标定期为 1 年。

（2）单选题

1）〔中级〕施工升降机安全防坠器的使用年限为（ ）年。

A. 1   B. 2

C. 3   D. 5

2）〔中级〕施工升降机导轨架高度为 80m 时，其垂直度偏差允许值为（ ）。

A. 50mm   B. 60mm

C. 80mm   D. 100mm

（3）多选题

1）〔高级〕施工升降机必须经（ ）进行联合验收，验收合格后方可使用。

A. 安装单位   B. 使用单位

C. 租赁单位   D. 监理单位

E. 建设单位

2）〔高级〕该型号施工升降机标准节主弦杆达到下列（ ）厚度时可以继续使用。

A. 7mm   B. 8mm

C. 9mm   D. 10mm

E. ≥5mm

5. 某项目一台 SC200/200 型施工升降机在使用过程中经常出现上行或下行时吊笼自动停止现象，司机检查后认为是电机温度较高造成的，计划将吊笼暂停使用一段时间后继续使用。

（1）判断题

1）〔初级〕施工升降机在使用过程中出现故障可以继续使用。

2）〔初级〕SC 型施工升降机沿齿轮齿条做上下运动。

（2）单选题

1）〔中级〕SC200/200 施工升降机每个吊笼的额定荷载为

（　　　）。

    A. 200kg   B. 200×2kg

    C. 1000kg   D. 2000kg

  2）［中级］施工升降机操作人员必须持有经过（　　　）颁发的证件。

    A. 安装单位   B. 劳动行政主管部门

    C. 项目部   D. 建设行政主管部门

  （3）多选题

  1）［高级］（　　　）可造成施工升降机电机温度过高。

    A. 制动器工作不同步   B. 长时间超载运行

    C. 启制动过于频繁   D. 供电电压过低

    E. 电动机散热风叶缺失

  2）［高级］上行或下行时吊笼自动停止现象由（　　　）造成。

    A. 上下限位开关接触不良或损坏

    B. 严重超载

    C. 控制装置接触不良或损坏

    D. 接触器粘连

    E. 吊笼门限位开关安装位置不当

  6. 甲租赁公司收到乙施工企业项目部的通知：其租用甲公司的一台 SC 型施工升降机在使用过程中，发生吊笼卡在标准节第 12～13 节的高度位置上无法上下运行的状况，要求甲公司派维修工进行维修。甲公司即刻派遣维修工丙某前往修理。丙某到达工地后，检查发现是防坠器动作而将吊笼卡住无法运行。他在检查了刹车系统正常后，对防坠器进行复位操作，但防坠器旋即又再次动作，据此现象丙某判断是防坠器故障造成，于是其欲将防坠器卸下维修，在松掉防坠器固定螺栓时，吊笼下滑坠落，并造成丙某重伤。试从上述示例描述的情形，回答以下几个方面问题：

  （1）判断题

  1）［初级］防坠器检定的有效期最长不能超过一年。（　　　）

2）［中级］吊笼卡在标准节上无法上下运行的原因一定是防坠器动作了。（　　）

（2）单选题

1）［初级］防坠器复位后必须（　　）后，才能转入正常的上下运行。

A. 先鸣笛示意

B. 先检查电源电压

C. 先将吊笼上升 200mm 以上

D. 先将吊笼降下 200mm 以上

2）［中级］SC 型施工升降机防坠器动作的可能原因不包括（　　）

A. 吊笼超速下降　　　　　B. 吊笼超速上升

C. 防坠器内弹簧失效　　　D. 防坠器内离心块脱出

（3）多选题

1）［中级］丙某在进行维修时违反了（　　）的规定和常识，最终造成事故的发生。

A. 故障必须及时维修

B. 吊笼在高空时不得拆下防坠器

C. 维修时必须有安全员在场

D. 维修工作必须全面细致不得马虎

E. 当维修处在高处的吊笼的传动系统时，必须将吊笼锁定在导轨架上

2）［高级］丙某在检查了刹车系统正常后，对防坠器复位后又再次动作于是卸掉防坠器螺栓，准备拆下修理，这时吊笼下滑坠落，还有哪些原因引起吊笼下滑，丙某没有进行检查？（　　）

A. 制动器失效　　　　　　B. 联轴器失效

C. 减速箱涡轮彻底磨损　　D. 电机绕组断路

E. 驱动齿轮磨损

习题答案

（一）判断题

1. 错误；2. 错误；3. 错误；4. 正确；5. 错误；6. 正确；
7. 正确；8. 正确；9. 错误；10. 正确；11. 正确；12. 正确；
13. 错误；14. 错误；15. 正确；16. 错误；17. 正确；18. 正确；
19. 正确；20. 正确；21. 正确；22. 正确；23. 正确；24. 正确；
25. 正确；26. 错误；27. 正确；28. 正确；29. 正确；30. 错误；
31. 错误；32. 正确；33. 错误；34. 正确；35. 正确；36. 正确；
37. 正确；38. 正确；39. 正确；40. 错误；41. 正确；42. 正确；
43. 错误；44. 错误；45. 正确；46. 正确；47. 错误；48. 正确；
49. 错误；50. 错误；51. 错误；52. 错误；53. 错误；54. 错误；
55. 错误；56. 正确；57. 正确；58. 正确；59. 正确；60. 正确；
61. 正确；62. 正确；63. 错误；64. 正确；65. 正确；66. 正确；
67. 正确；68. 正确；69. 错误；70. 正确；71. 正确

【扫码查看解析】

（二）单选题

1. B；2. B；3. A；4. A；5. B；6. A；7. C；8. D；9. D；
10. A；11. C；12. C；13. B；14. B；15. C；16. C；17. B；18. D；
19. B；20. D；21. C；22. A；23. B；24. C；25. B；26. A；
27. C；28. A；29. B；30. C；31. D；32. D；33. C；34. C；
35. D；36. D；37. D；38. C；39. C；40. D；41. C；42. D；

43. C；44. B；45. A；46. C；47. C；48. A；49. A；50. A；
51. B；52. C；53. B；54. C；55. D；56. A；57. B；58. B

【扫码查看解析】

（三）多选题

1. ABCD；2. ABCD；3. BCD；4. ABD；5. ABC；6. AC；
7. ABCD；8. ABC；9. AB；10. AD；11. ACD；12. ABCD；
13. ABD；14. BC；15. ABCD；16. ABC；17. AB；18. ABCD；
19. ABCD；20. CD；21. ABCD；22. ABC；23. ABCD；24. BD

【扫码查看解析】

（四）案例题

1. (1)1)正确；2)错误；(2)1)B；2)D；(3)ABCD
2. (1)1)正确；2)错误；(2)1)B；2)D；(3)BCD
3. (1)1)正确；2)正确；(2)1)A；2)B；(3)1)AB；2)BC
4. (1)1)正确；2)正确；(2)1)D；2)C；(3)1)ABCD；2)BCD
5. (1)1)错误；2)正确；(2)1)D；2)D；(3)1)ABCD；2)ABC
6. (1)1)正确；2)正确；(2)1)C；2)B；(3)1)ABD；2)ABCE

【扫码查看解析】